Ricky Burns

DAS MOTORRAD SCHRAUBERHANDBUCH

KLASSISCHE ZWEIRÄDER PERFEKT RESTAURIERT

Impressum

HEEL Verlag GmbH
Gut Pottscheidt
53639 Königswinter
Tel.: 02223 9230-0
Fax: 02223 9230-26
E-Mail: info@heel-verlag.de
Internet: www.heel-verlag.de

Der Originaltitel „A Beginner´s Guide to Classic Motorcycle Restauration" ist erschienen bei:
Veloce Publishing Ltd.
Parkway Farm Business Park,
Middle Farm Way
Dorchester DT1 3AR
England

Übersetzung ins Deutsche: Manfred Kolb

Lektorat: Jürgen Schlegelmilch

Satz und Gestaltung der deutschen Ausgabe: F5 Mediengestaltung, Ralf Kolmsee, Bonn

Printed in Croatia

ISBN: 978-3-95843-708-1

Ricky Burns

DAS MOTORRAD SCHRAUBERHANDBUCH

KLASSISCHE ZWEIRÄDER PERFEKT RESTAURIERT

HEEL WERKSTATT

Inhalt

Vorwort

Motorräder begeistern mich schon seit meiner frühen Jugend. Ausgelöst wurde diese Leidenschaft durch ein altes Moped von Raleigh mit dem klangvollen Namen „Runabout", das ein Freund von mir geschenkt bekam.

Ich kann mich noch gut daran erinnern, als meine Großmutter uns etwas Taschengeld gab, damit wir dafür an der örtlichen Tankstelle Benzin kaufen konnten. Die anschließenden Startversuche und die Aufregung, als der Motor seine ersten Lebenszeichen von sich gab und schließlich ansprang, werde ich nie vergessen. Wir fuhren tagelang damit über die umliegenden Wiesen und die Erfahrung, das mich hier etwas ohne meine eigene Kraftanstrengung bewegte – und das sogar bergauf! – war einfach faszinierend ...

Nach ein paar Wochen entdeckten wir eine Honda SS50 – mein erstes Motorrad mit einem Schaltgetriebe. Ohne jegliches Wissen über den Sinn und Zweck einer Kupplung oder Gangschaltung brauchten wir einige Versuche, bis wir das Gefährt mehr schlecht als recht in Bewegung setzen konnten. Und obwohl die kleine Honda nur 50 cm³ hatte, fühlte sie sich schon wie ein richtiges Motorrad an.

Samstags streunerten wir durch die Straßen und hielten Ausschau nach älteren Herren, die ihr Auto wuschen. Insgeheim hofften wir nämlich, in den nun einsehbaren Garagen oder Abstellräumen ein altes Motorrad entdecken zu können, das wir seinem Besitzer abschwatzen konnten. Auf diese Weise fanden wir einige alte Motorräder und die meisten ließen sich ohne großen Aufwand wieder zum Leben erwecken. Die Begeisterung und der Enthusiasmus dieser ersten Motorraderfahrungen prägten mich und haben sich bis zum heutigen Tag gehalten.

Zu dieser Zeit nahm mein Vater an Motocross-Rennen teil; damals nannte man es noch „Querfeldeinfahren". Wenn es irgendwie möglich war, fuhren wir gemeinsam mit meinem Bruder und ein paar Freunden in seinem Lieferwagen zu diesen Rennen. Der Geruch des rizinushaltigen Castrol R waberte während dieser Renntage über das Gelände und sorgte für die entsprechende Atmosphäre.

Bei einem dieser Rennen brach sich mein Vater ein Bein und trotz unserer Begeisterung für diese Sache hielt er es für besser, wenn wir nicht daran teilnehmen würden.

Eines Tages entdeckte ich bei meinem örtlichen Zeitschriftenhändler die allererste Ausgabe der „Trials and Motocross News". Für einige Zeit kaufte ich mir jedes Exemplar und besuchte dann auch einige Trial-Veranstaltungen.

Später kaufte mein Vater eine fabrikneue Bultaco Sherpa mit 250 cm³. Das war ein richtig gutes Motorrad. In jeder freien Minute übte ich damit, beherrschte es schließlich wie im Schlaf und hatte damit viel Freude.

Im Alter von 16 Jahren beendete ich die Schule und kaufte mir für 160 Pfund eine fast neue Suzuki AP50. Das Geld dafür lieh ich mir von meiner geliebten Großmutter und stotterte es wöchentlich in Raten ab. Schließlich bestand ich mit 17 auf Anhieb meine Führerscheinprüfung. Eines Tages sah ich auf dem Nachhauseweg von der Arbeit bei einem Motorradhändler eine größere Suzuki stehen. Es war eine GT185, die sogar einen elektrischen Anlasser hatte. Damals besaßen alle meine Freunde schon eine 250er von Suzuki oder Yamaha. Diese konnte ich mir nicht leisten und so gab ich meine AP50 für die GT185 in Zahlung; den Differenzbetrag borgte ich mir dieses Mal von meinem Großvater. Die GT hatte natürlich deutlich mehr Leistung und ich fuhr damit regelmäßig zu den Rennen nach Brands Hatch in Kent.

Meine Zeit sind die 1970er Jahre. Damals gab es ein großes Angebot an irrsinnigen Zweitaktmotorrädern und die Japaner boten auch die ersten schweren Vierzylindermaschinen an. Das Wetteifern der verschiedenen Hersteller, mit immer ausgefalleneren Maschinen ihre technische Kompetenz zu zeigen, wird sich in der Motorradgeschichte in dieser Form nicht mehr wiederholen.

Ich kann mich noch gut erinnern, wie ich sehnsüchtig die neuen Modelle auf den Motorradmessen in Earls Court und Olympia bewunderte. Sie lagen damals weit außerhalb der Reichweite meines schmalen Lehrlingsgehalts und werden nun im Internet als Restaurierungsobjekt zum Kauf angeboten.

Es ist nicht mein Ziel, jeden Schritt einer Motorradrestaurierung ausführlich zu erläutern, denn über jeden Abschnitt könnte ein ganzes Buch geschrieben werden. Dieses Buch möchte den Restaurierungsneuling bei seinem bzw. ihrem ersten Projekt begleiten; angefangen vom Kauf bis hin zur ersten Ausfahrt. Es ist in erster Linie als Ratgeber gedacht und sollte in Verbindung mit dem entsprechenden Werkstatthandbuch des betreffenden Motorrads verwendet werden.

Beim Schreiben dieses Buches arbeitete ich an meinem damaligen Projekt – einer Suzuki GT750 von 1976, die auch unter dem Spitznamen „Wasserbüffel" bekannt ist. Auf den ersten Bildern, die ich erhielt, sah das Motorrad gar nicht so schlecht aus. Als es jedoch bei mir eintraf, wurde mir klar dass hier mehr Arbeit als erwartet auf mich zukam. Das ist allerdings typisch, wenn man sich auf eine Motorradrestaurierung einlässt. Man wird immer mit unerwarteten Problemen konfrontiert werden. Mein Anliegen ist es, dem Leser dabei zu helfen, diese zu lösen und durch das Vermeiden grundlegender Fehler auch Zeit und Geld zu sparen.

In diesem Sinne: Viel Spaß mit Ihrem Projekt!

Über Jahre vergessen und in der Sonne in Colorado ausgebleicht …

Nach sechs Monaten Arbeit präsentiert sich die kleine Honda sowohl technisch als auch optischen wieder wie neu.

Kapitel 1
Arbeitsplatz

Vor der Suche nach einem geeigneten Projekt bzw. vor Beginn der Arbeiten – falls es schon in der Garage steht – sollten Sie sich Ihren Arbeitsplatz einrichten. Der erfolgreiche und zufriedenstellende Abschluss einer Restaurierung hängt auch sehr davon ab, unter welchen Bedingungen gearbeitet werden muss.

Am wichtigsten ist ein geeigneter Werkstattraum. Kann eine Garage, Scheune oder vielleicht ein Zimmer im Haus benutzt werden? Ist der zur Verfügung stehende Raum auch groß genug? Eine Werkstatt außerhalb des Wohnhauses hat den Vorteil, dass die mit einer Restaurierung verbundenen unvermeidbare Dreckentwicklung, Gerüche und Geräusche die Mitmenschen weniger belästigen.

Der Arbeitsplatz sollte den Anforderungen entsprechend komfortabel und hell, aber auch sicher sein. Eine ordentliche Dämmung, Heizung und Beleuchtung sowie ausreichende Ablagemöglichkeiten erleichtern die Arbeiten deutlich. Sie müssen überlegen, wo Sie Sachen deponieren können und vor allem wie Sie diese auch schnell wieder finden. Ein Arbeiten mit klammen Fingern bei schummriger Beleuchtung wird Ihr Projekt verzögern oder kann sogar dazu führen, dass Sie das Interesse verlieren.

Falls Sie noch keine Werkbank haben, sollten Sie sich umgehend eine zulegen. Sie muss stabil genug sein, um einen Motor darauf abstellen und daran arbeiten zu können. Entweder Sie kaufen eine fertige Werkbank (**Achtung:** Die Tragfähigkeit sollte dann angegeben sein.) oder Sie bauen sich eine selbst. In diesem Fall sollten Sie diese so stabil wie möglich bauen, denn sie muss das Gewicht des Motors und weitere Belastungen aushalten können. Auch wenn Sie jetzt nur an einer Yamaha mit 100 cm^3 arbeiten, kann eines Ihrer zukünftigen Projekte vielleicht eine Honda Goldwing sein. Neben der Stabilität ist aber auch die Länge eines solchen Werktisches wichtig, denn Sie müssen auch eine Ständerbohrmaschine sowie einen Schleifbock und einen Schraubstock darauf festschrauben können.

Falls Sie sich für den Selbstbau einer Werkbank entscheiden, finden Sie ausführliche Bauanleitungen dafür im Internet. Am wichtigsten dabei ist, dass sie stabil und schwer ausgeführt ist. Die Größe hängt natürlich vom zur Verfügung stehenden Platz ab; sie sollte aber mindestens 60 cm tief und 1 m hoch sein. Für den Unterbau reicht Vierkantholz mit einem Querschnitt von 10 x 5 cm, während die Arbeitsplatte aus mindestens 2,5 cm dickem schichtverleimten Holz bestehen sollte. Hier bieten sich auch Küchenarbeitsplatten an. Zum Verbinden der Einzelteile nimmt man entweder entsprechend dimensionierte Holzschrauben oder besser durchgehende Gewindeschrauben mit Muttern.

SICHERHEIT

Unfälle passieren, daher sollten Sie alle möglichen Vorkehrungen treffen, um sie zu vermeiden. Denken Sie auch daran, dass die Sicherheitsvorkehrungen nicht nur für Sie, sondern auch für weitere Personen in der Werkstatt vorgesehen sein müssen. Das prinzipielle Befolgen einiger einfacher Regeln erleichtert das Arbeiten und beschleunigt auch den Fortgang – und wenn sie einmal verinnerlicht wurden, dann sind auch kein lästiges Übel mehr.

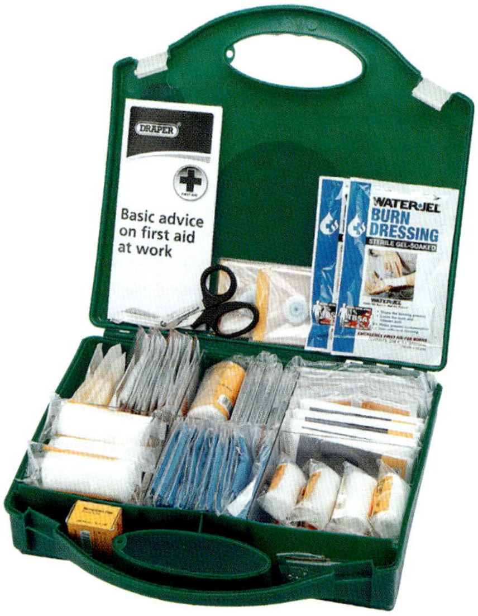

1.1 Ein absolutes Muss ist der Verbandskasten. Er kostet nicht viel und gehört zur Grundausrüstung einer Werkstatt. Bei der Arbeit mit Werkzeug, Maschinen oder Chemikalien besteht immer das Risiko, sich zu verletzen. Sie sollten darauf vorbereitet sein. Achten Sie auch hier auf das Haltbarkeitsdatum des Inhalts.

Halten Sie beim Arbeiten Ihre Werkstatt möglichst sauber und ordentlich, denn wenn man nicht aufpasst, endet das sonst schnell in einem Chaos. Räumen Sie zum Arbeitsende das Werkzeug auf, dann finden Sie es beim nächsten Mal schneller wieder und die Werkstatt bleibt stolperfrei. Stürze stehen ganz oben auf der Liste der Arbeitsunfälle und können mit einer aufgeräumten Werkstatt weitgehend vermieden werden.

Auch wenn Sie gewohnt sind, alleine zu arbeiten, so sollte Sie sich nicht scheuen, bei besonders heiklen Arbeiten um Hilfe zu bitten. Gerade bei Tätigkeiten mit Maschineneinsatz oder beim Hantieren mit schweren Bauteilen sorgt ein zweiter Mann für mehr Sicherheit und erhöhte Sorgfältigkeit.

In diesem Buch werden auch die für jede Arbeit erforderlichen Sicherheitsausrüstungen beschrieben. Diese sind nicht teuer, einfach zu beschaffen – und müssen unbedingt verwendet werden! Bevor Sie mit einer Arbeit beginnen, sollten Sie das jeweilige Kapitel durchlesen und sicherstellen, dass Sie auch die nötige Sicherheitsausrüstung haben. Verzichten Sie niemals auf die persönliche Schutzausrüstung. Sie wurde extra dafür gemacht, Sie zu schützen und mit ihrer Verwendung vermeiden Sie nicht erstrebenswerte Besuche in der Notfallambulanz Ihres örtlichen Krankenhauses.

Achten Sie stets darauf, feuergefährliche Stoffe vor Funkenflug zu schützen. Bewahren Sie Beninkanister, Verdünnung und Farben an einem sicheren Ort und weit weg von Schleifböcken auf.

Belüftung

Treibstoffe, Schmierstoffe, Farben, Abbeizmittel, Lösungsmittel und andere Chemikalien sondern Ausdünstungen ab, die hoch entzündlich und/oder gesundheitsschädlich beim Einatmen sind. Daher ist es unbedingt erforderlich, egal in welchem Raum Sie arbeiten, dass eine ausreichende Belüftung vorhanden ist, mit der gefährliche Gase und Dämpfe sowie Staub entfernt werden können. Ein Ventilator, der die Luft aus dem Raum absaugt und nach draußen bläst, erfüllt hier gute Dienste. Wichtig dabei ist, dass zum Luftaustausch auch frische Außenluft in den Raum einströmen kann.

ACHTUNG! Selbst in gutbelüfteten Arbeitsbereichen ist beim Arbeiten mit Stoffen, bei denen gesundheitsschädliche Dämpfe oder Partikel frei werden, das Tragen einer Atemschutzausrüstung unbedingt erforderlich.

1.5 Ein Feuerlöscher sollte ein fester Bestandteil Ihrer Werkstatt sein, denn Sie arbeiten mit brennbaren Flüssigkeiten wie Treibstoff, Öle, Farben und Verdünner. Empfehlenswert ist ein vielseitig einsetzbarer Pulverlöscher. Er ist am besten geeignet für Brände mit festen und flüssigen Stoffen wie Fette, Öle, Farbe, Benzin usw.

Kinder und Haustiere

Kleine Kinder oder Haustiere dürfen keinen Zugang zu Ihrer Werkstatt haben, zumindest sollten alle Werkzeuge und gefährlichen Chemikalien bei Nichtgebrauch in verschlossenen Schränken aufbewahrt werden. Lassen Sie Kinder niemals unbeaufsichtigt in der Werkstatt spielen.

ARBEITSERLEICHTERUNGEN

Ein Stück Karton oder alter Teppich auf dem Fußboden hilft gegen kalte Füße im Winter und kostet nicht viel. Für die nötige Wärme kann ein Heizlüfter sorgen. Damit lassen sich auch große Räume schnell aufheizen, allerdings können die Geräte auch etwas laut sein. (**Achtung:** Auch hier auf den Brandschutz achten!) Alternativ kann die Raumtemperatur der Werkstatt mit einem ölgefüllten Radiator konstant gehalten werden. Diese sind thermostatgeregelt und laufen sehr leise.

1.2, 1.3, 1.4 Wenn es erforderlich ist, müssen Handschuhe, Schutzbrille und eine Atemschutzmaske getragen werden.

1.6 In kälteren Gegenden oder im Winter kann auch ein kleiner Heizlüfter eine große Werkstatt relativ schnell erwärmen.

Dichten Sie Fenster und Türen gegen Zugluft ab – das hält den Arbeitsraum wärmer und senkt die Heizkosten. Überlegen Sie auch, eventuell das Dach zu isolieren. Hier geht viel Wärme verloren und mit einer guten Isolierung werden Sie daher nicht so schnell frieren.

Sollten Sie in einer wärmeren Gegend wohnen, sind Sie natürlich zu beneiden. Sorgen Sie für eine gute Belüftung und ausreichend kühle Getränke – aber lassen Sie das Bier bis zum Feierabend im Kühlschrank.

Mit leeren ausgewaschenen Margarinebehältern, die mit einem Deckel verschlossen werden können oder alten Marmeladengläsern und einer einfachen Beschriftung können Teile auf effektive und vor allem preiswerte Weise sortiert werden. Denn schließlich wollen Sie das verfügbare Geld ja in das Projekt selbst investieren.

Langfristig gesehen ist es sehr hilfreich, einen eigenen möglichst großen Arbeitsbereich für ein Projekt zur Verfügung zu haben. Beim Zerlegen des Motorrads muss planvoll vorgegangen werden, damit die Teile später einfacher zugeordnet werden können. Stabile stapelbare Kisten für die schweren Komponenten und ein Regalsystem für die leichteren Teile helfen, den Werkstattboden für die Arbeit freizuhalten.

Maschinen, Heizgeräte und die Beleuchtung benötigen elektrischen Strom. Falls Sie außerhalb in einer Garage oder Scheune arbeiten, kann ein kleiner Stromerzeuger die

1.7 In kleinen Schubladenkästen solcher Kleinteilemagazine lassen sich Schrauben, Muttern und andere Kleinteile übersichtlich aufbewahren. Beschriftete Schubfächer erleichtern die Suche.

1.8 Günstige Schwerlastregale aus dem Baumarkt schaffen Stauraum und Ordnung in der Werkstatt.

erforderliche Energie für das Licht und das Aufladen von Akku-Werkzeugen liefern. Bei den meisten Lesern wird eine Versorgung mit elektrischem Strom bereits vorhanden sein.

1.9 Falls keine elektrische Spannungsversorgung vorhanden ist, ist ein kleiner Stromerzeuger hilfreich. ***Achtung:*** *Ein solches Teil darf nur im Freien betrieben werden, denn beim Verbrennen des Kraftstoffs entsteht tödlich wirkendes Kohlenmonoxid!*

Kapitel 2
Werkzeuge und Ausrüstung

Mit dem richtigen Werkzeug lässt es sich viel einfacher arbeiten. In diesem Kapitel werden daher die für eine Restaurierung erforderlichen Werkzeuge und Hilfsmittel vorgestellt. Machen Sie zu Beginn eine Bestandsaufnahme des bereits vorhandenen Werkzeugs: Ist es für die Arbeiten geeignet oder quält man sich damit nur? Falls Sie neues Werkzeug anschaffen müssen, kaufen Sie sich das beste, was Sie sich leisten können. Das muss nicht immer fabrikneu sein, Qualitätswerkzeug funktioniert auch gebraucht noch sehr gut und ist deutlich günstiger. Achten Sie auch auf die regelmäßigen Werkzeugtests in Fachmagazinen wie *Oldtimer Markt* und *Oldtimer Praxis*, bei denen Preis-Leistungssieger stets eine gute Kaufempfehlung sind.

Fragen Sie in der örtlichen Mietwerkstatt nach, ob Sie selten benötigte Gerätschaften, wie z. B. einen Abzieher, ausleihen können. Vielleicht hat auch ein befreundeter Motorradfahrer das benötigte Werkzeug.

Der Umfang der Werkzeugausrüstung hängt davon ab, welche Arbeiten Sie in Eigenregie durchführen wollen oder können. Wenn Sie den Kraftstofftank und andere Farbteile zu einer Lackiererei bringen, können Sie sich die Anschaffung einer Lackierausrüstung sparen. Soll ein Fachbetrieb den Motor überholen, brauchen Sie auch keine speziellen Werkzeuge für eine Motorreparatur zu kaufen.

Manche Arbeiten an Motoren erfordern den Einsatz von Spezialwerkzeugen. Diese sind hersteller- bzw. motorradtypspezifisch und daher hier nicht aufgeführt. In vielen Fällen kann man sich auch ohne diese Werkzeuge behelfen, die Arbeiten sind dann aber meist schwieriger durchzuführen.

Das sollte unbedingt vorhanden sein:

- Schraubenschlüsselsatz
- Steckschlüsselsatz (auch als Ratschen- oder Nusskasten bekannt)
- Schraubendreher in verschiedenen Größen und Ausführungen
- Innensechskantschlüsselsatz
- Seitenschneider, Kombizange und Wasserpumpenzange
- Teppichmesser mit Ersatzklingen
- Hammer (klein und groß)
- Kunststoff- bzw. Gummihammer
- Sicherungsringzangen (Seegeringzangen
- Fühlerlehren
- Drahtbürsten in verschiedenen Ausführungen
- Schraubstock
- Drehmomentschlüssel (möglichst präzise)
- Handschuhe und Schutzbrille,
- Staubschutzmaske usw.
- Eisensäge

SCHRAUBENSCHLÜSSEL, STECKSCHLÜSSEL UND SCHRAUBENDREHER

2.1 Mit diesem Werkzeug lassen sich die meisten Arbeiten erledigen, wobei einige Größen besonders häufig benötigt werden. An japanischen Motorrädern sind es die Schlüsselweiten 10 mm, 12 mm und 14 mm, an europäischen Motorrädern zusätzlich noch die Größen 13 mm und 15 mm. Sollten Sie ein altes englisches oder amerikanisches Motorrad restaurieren, brauchen Sie dagegen Werkzeug in Zollgröße.

2.2 Unverzichtbar ist ein Satz hochwertiger Schlitz- und Kreuzschlitzschraubendreher. Schaffen Sie sich eine breite Auswahl an unterschiedlichen Größen an. Magnetische Klingen halten Schrauben besser fest und helfen bei der Bergung, falls sie doch einmal abgestürzt sein sollten.

2.3 Irgendwann werden Sie vor dem Problem stehen, dass sich eine Schlitz- oder Kreuzschlitzschraube nicht lösen lässt. Das ist die Stunde des Schlagschraubers. Dieses Werkzeug ist nicht teuer und kann festsitzende Schrauben lösen – vorausgesetzt, ihr Kopf ist noch einigermaßen intakt und sie sind nicht aus allzu minderwertigem Stahl hergestellt. Dann können sie beim Löseversuch abreißen und müssen ausgebohrt werden.

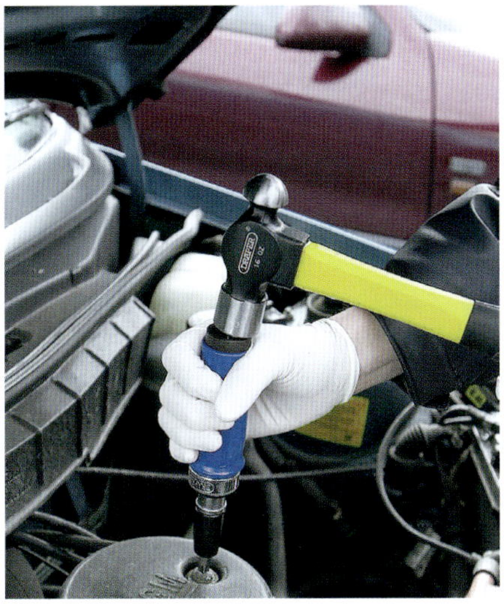

2.4 Ein satter Schlag mit einem Hammer und ein gut passender Werkzeugbit werden die meisten festsitzenden Schrauben lösen. Durch den Hammerschlag wird nämlich gleichzeitig der Bit des Schlagschraubers ein klein wenig gedreht.

HÄMMER

2.5 Zum Schutz empfindlicher Materialien empfiehlt sich der Einsatz eines Gummi- oder Kunststoffhammers.

2.6 Ein Hammer mit dem passenden Gewicht hilft beim Austreiben festgerosteter Bolzen oder Wellen und dient zum Einschlagen neuer Lenkkopflagerschalen in den Rahmen. Für den Ausbau von Radachsen empfiehlt sich ein Kupferhammer, der bei einer ähnlichen Wirkung wie ein Stahlhammer die empfindlichen Gewinde schont.

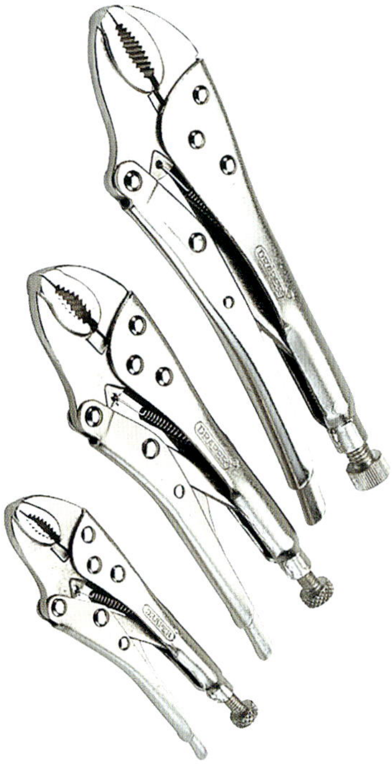

2.9 Feststellzangen – auch Gripzangen genannt – sind wie eine dritte Hand und unverzichtbar, wenn etwas fixiert werden soll.

TEPPICHMESSER

2.7 Mit einem scharfen Teppichmesser können Benzin- und Entlüftungsleitungen abgelängt oder Dichtungen angepasst werden.

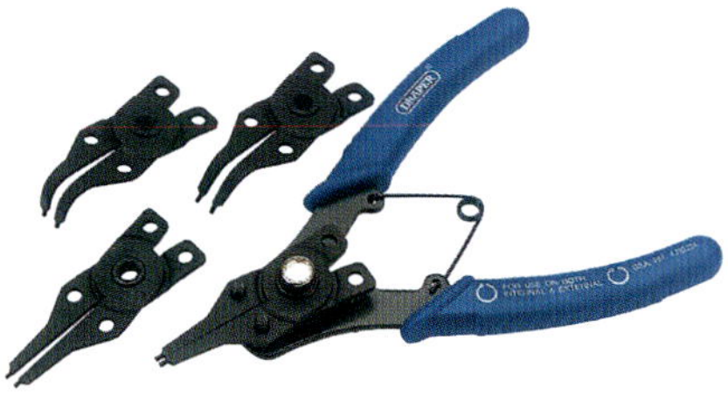

2.10 Sicherungsringzangen werden hauptsächlich bei Arbeiten am Motor oder der Bremse benötigt. Ein brauchbares Set ist nicht allzu teuer und bei manchen Arbeiten unbedingt erforderlich.

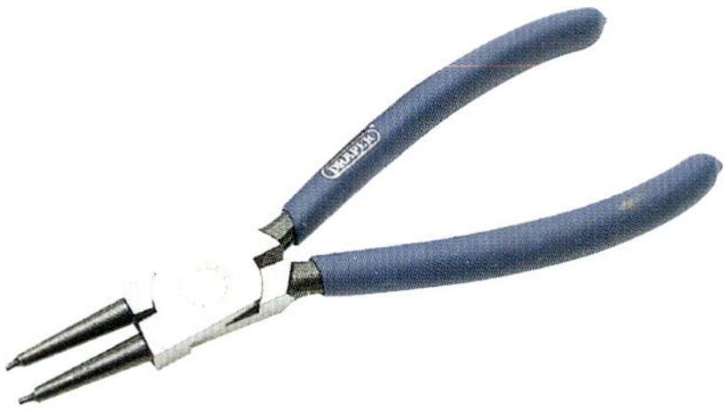

2.11 Wenn möglich, sollten Sie sich verschiedene Sicherungsringzangen kaufen. Diese sind zwar etwas teurer, aber weniger fummelig und deutlich stabiler als die Ausführung im Bild oben. Nicht vergessen: Die Zangen gibt es für Außen- und Innensicherungsringe.

ZANGEN

2.8 Zangen dienen zum Abschneiden, Verpressen, Festhalten oder auch Packen von kleinen Bauteilen und gibt es dazu in den verschiedensten Ausführungen.

GEWINDEREPARATUR

Beim Zerlegen des Motorrads werden Sie früher oder später mit beschädigten Gewinden konfrontiert werden. Mit dem richtigen Werkzeug lassen sich diese meist recht schnell wieder reparieren. Gewindebohrer, Schneideisen, Bohrer und Gewindereparatursätze erweisen sich bei einer Restaurierung schnell als unverzichtbar. Die Anschaffung dieser Werkzeuge und das Erlernen ihrer relativ einfachen Handhabung spart unter dem Strich auch Geld, weil man keine teuren Werkstattleistungen bezahlen muss.

2.12 Mit Fühlerlehren wird das Ventilspiel oder der Unterbrecherkontaktabstand gemessen. Sie gibt es in Abstufungen von 0,01 mm, für den Hobby-Schrauber genügt ein Fühlerlehrenpaket, das in 0,05-mm-Schritten von 0,05 bis 1 mm reicht. Wenn Sie selbst Wartungsarbeiten an Ihrem Motorrad durchführen wollen, ist ein solcher Satz unbedingt erforderlich.

2.13 Drahtbürsten dienen zum Entrosten von stark korrodierten Teilen und zum Reinigen von Gewindegängen an Schrauben. Selbst wenn Sie diese nicht oft benötigen, ist es sinnvoll, den Werkzeugkasten mit einer kleinen und eine großen Ausführung davon zu bestücken.

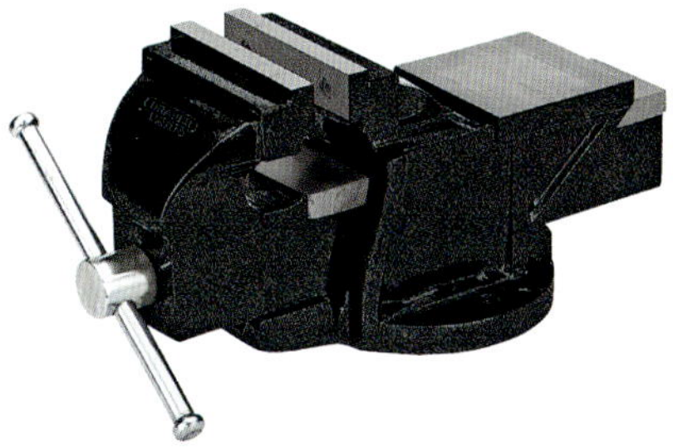

2.14 Einen stabilen Schraubstock kann man immer gebrauchen. Er ist eine wirklich sinnvolle Einrichtung in der Werkstatt, in die man Bauteile oder Material zur Bearbeitung einspannen kann. Für empfindliche Teile empfiehlt sich die Anschaffung von (praktischerweise magnetischen) Schutzbacken aus Aluminium oder Kunststoff.

Stehbolzenausdreher

Stehbolzen können mit zwei gegeneinander gekonterten Muttern ausgebaut werden. Eine elegantere Lösung ist das in Bild 2.16 gezeigte Werkzeug. Bereits abgerissene Stehbolzen oder Schrauben können zum Beispiel mit einem Linksdreher entfernt werden (Bild 2.15).

Gewindereparatursatz

Eine Gewindereparatur ist recht einfach – zumindest in der Theorie: Der Reparatursatz wird in der Regel mit einem passenden Bohrer geliefert, der auf den neuen Gewindeeinsatz abgestimmt ist. Damit wird das beschädigte Gewinde ausgebohrt und anschließend mit dem ebenfalls im Satz enthaltenen Gewindeschneider ein neues Gewinde für den Einsatz geschnitten. Mit dem Eindrehwerkzeug wird der Gewindeeinsatz in die so vorbereitete Bohrung eingeschraubt. Nach Erreichen der endgültigen Einbaulage muss mit einem Hammerschlag auf das Eindrehwerkzeug die für das Eindrehen erforderliche abgewinkelte Lasche des Einsatzes abgeschlagen werden, damit die einzubauende Schraube problemlos durch den Einsatz gedreht werden kann.

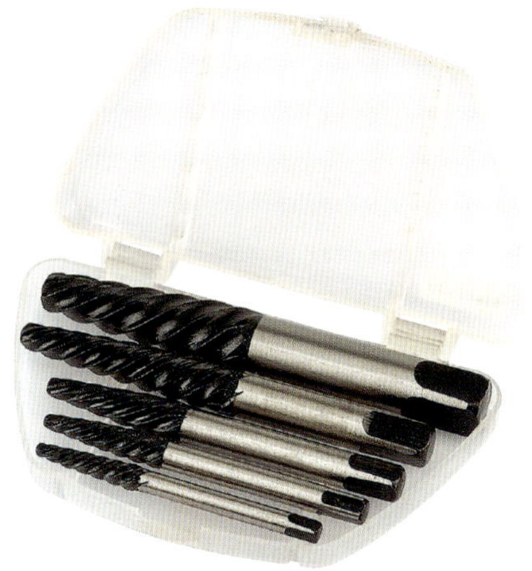

2.15 Um abgerissene Schrauben aus einer Gewindebohrung zu entfernen, kann ein Loch in den Schraubenrest gebohrt werden, in den dann einer dieser Linksausdreher eingedreht wird. Durch seine konische Form verkeilt er sich in der Bohrung und der Stumpf lässt sich herausdrehen.

2.16 Überstehende Stehbolzen lassen sich mit einem speziellen Stehbolzenausdreher packen und herausschrauben.

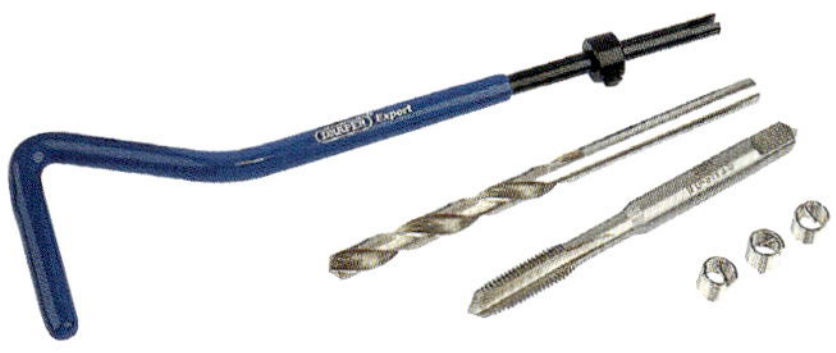

2.17 Mit diesem Reparatursatz können überdrehte Gewinde instandgesetzt werden, wie sie öfters in Aluminiumteilen (Motorgehäuse, Ventildeckel usw.) vorkommen. Im Satz enthalten sind (von links nach rechts): Eindrehwerkzeug, Bohrer, Gewindeschneider und Gewindeeinsätze. Diese Sätze sind in allen gängigen Gewindegrößen erhältlich.

Gewindebohrer und Schneideisen

Ein Gewindebohrer dient zum Einschneiden eines Gewindes in ein passend vorgebohrtes Loch. Beim Ansetzen muss darauf geachtet werden, dass der Gewindebohrer absolut rechtwinklig ausgerichtet ist, da ansonsten die Schraube später schief in der Bohrung sitzt. Im schlimmsten Fall kann sogar der Gewindebohrer abbrechen.

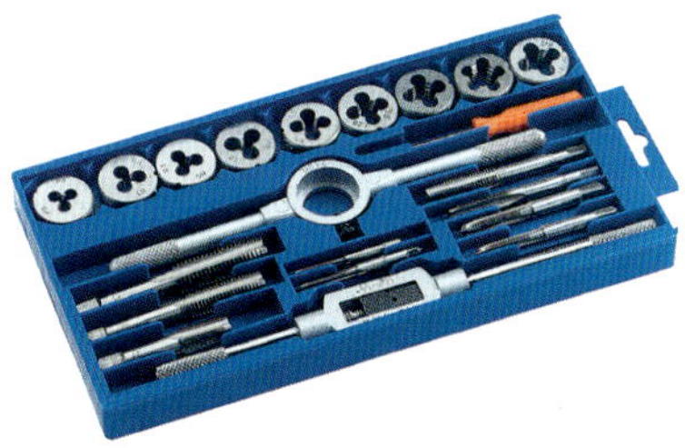

2.18 Falls Sie noch nie mit einem Gewindebohrer oder einem Schneideisen gearbeitet haben, sollten Sie zuvor an einem Schrottteil üben. Die Handhabung ist recht einfach und wenn man sie einmal beherrscht, spart man sich nervige Besuche in einer Fachwerkstatt (und damit auch Geld).

Wichtig: Tragen Sie bei dieser Arbeit eine Schutzbrille. Den Gewindebohrer immer nur langsam ein halbe Umdrehung vorwärtsdrehen und dann wieder ein kleines Stück zurückdrehen. Damit wird der beim Schneiden entstehende Span gebrochen und der Gewindebohrer kann sich nicht so leicht verklemmen. Etwas Öl oder Fett erleichtert das Schneiden und ergibt eine glattere Gewindeoberfläche.

Arbeiten Sie sich in der beschriebenen Weise immer nur in einer halben Umdrehung vorwärts, bis Sie die gewünschte Gewindetiefe erreicht haben. Dann drehen Sie den Gewindeschneider wieder heraus und reinigen das geschnittene Gewinde mit etwas Sprühöl und Druckluft. Das ist alles – und schon haben Sie ein neues Gewinde hergestellt.

2.19 An diesem Bremssattel war der Entlüfternippel abgerissen. Nach dem Ausbohren musste das Gewinde nachgearbeitet werden.

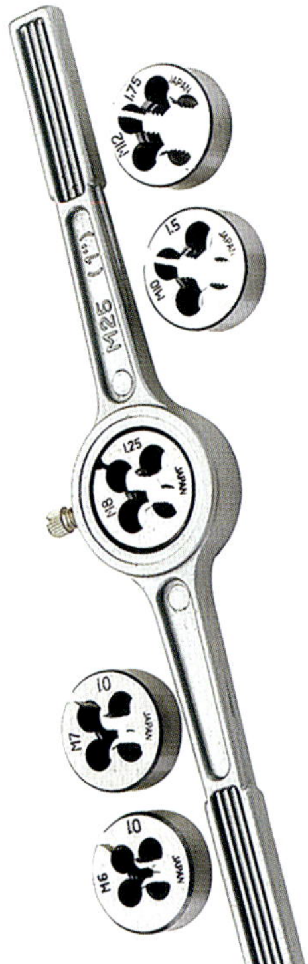

2.20 Ein Schneideisen ist das Gegenstück zum Gewindebohrer und dient zum Schneiden von Außengewinden.

Die Vorgehensweise mit dem Schneideisen ist im Prinzip identisch. Beginnen Sie langsam und achten Sie auf den rechtwinkligen Sitz des Schneideisens. Drehen Sie immer nur halbe Umdrehungen vorwärts und dann wieder ein kleines Stück zurück.

2.21 Nicht vergessen werden dürfen die Bohrer, die für Metalle geeignet sein müssen. Vermeiden Sie, die billigste Qualität zu kaufen. ***Achtung:*** *Beim Bohren stets eine Schutzbrille tragen.*

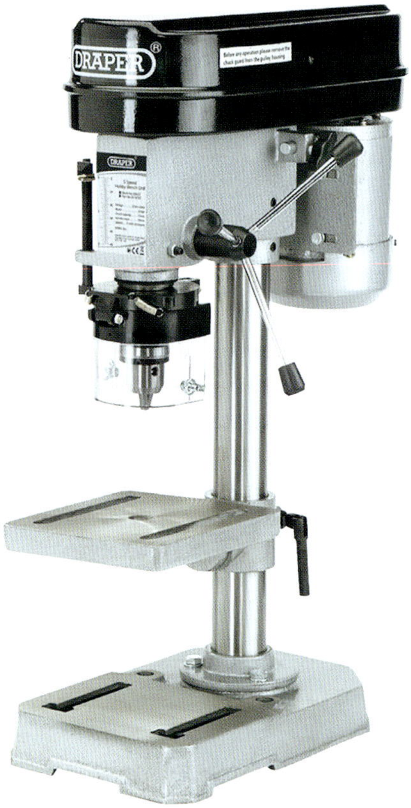

2.22 Eine Säulenbohrmaschine ist nicht unbedingt erforderlich – eine Handbohrmaschine mit einem Bohrständer reicht auch aus. Für ein genaues Bohren ist sie unverzichtbar, wenn zum Beispiel abgerissene Schrauben ausgebohrt und Gewinde repariert werden müssen.

MASCHINEN

- Säulenbohrmaschine mit Bohrtisch, alternativ auch eine Handbohrmaschine mit Ständer
- Schleifbock mit Scheiben oder Band, Polierscheibe
- Kompressor mit Luftpistole
- Ultraschallreiniger

2.23 Ein Schleifbock ist ein weiteres sehr nützliches Werkzeug. Damit können Werkzeuge für besseres und sichereres Arbeiten nachgeschliffen, scharfe Kanten und Grate an Werkstücken geglättet oder Werkstücke allgemein bearbeitet werden. Rüstet man den Schleifbock mit einer Polierscheibe aus, kann man auch Aluminium- oder Chromteile auf Hochglanz polieren. Beim Arbeiten am Schleifbock muss grundsätzlich eine Schutzbrille getragen werden!

2.24 Falls Sie selbst lackieren wollen, ist ein leistungsstarker Kompressor dafür eine Grundvoraussetzung. Der Luftvorrat kleiner Kompressoren ist schnell erschöpft und der erneute Druckaufbau erfordert Zeit. Für den normalen Einsatz in der Hobby-Werkstatt reicht aber ein Kompressor mit kleinem Vorratsbehälter (Preisklasse 150.- bis 300.- Euro) auch für den Betrieb von kleinen Druckwerkzeugen völlig aus.

Verschiedenes

Darüber hinaus gibt es noch weitere Ausrüstungsgegenstände, die zwar nicht alle unbedingt erforderlich sind, aber Ihnen die Arbeit erleichtern – wenn Ihr Budget den Kauf zulässt.

Zum Reinigen von Bauteilen bieten die Werkzeuglieferanten spezielle Teilewaschgeräte an. So ein Gerät ist eine feine Sache, allerdings reicht auch eine ausrangierte Babybadewanne oder große Kunststoffwanne. Darüber hinaus benötigen Sie auch noch ein gutes Reinigungsmittel (z. B. Kaltreiniger) sowie einen Rostlöser. **Achtung:** auf die Entsorgungsvorschriften achten!

2.25 Professionelle Teilewaschgeräte besitzen eine eingebaute Pumpe, mit der das Reinigungsmittel über eine Schlauchleitung direkt zu einem Reinigungspinsel gefördert wird. Der austretende Reiniger spült so den mit dem Pinsel gelösten Schmutz gleich ab. Die Flüssigkeit wird dann durch ein Sieb geleitet, das die gröberen Bestandteile zurückhält und dann erneut wieder zuführt.

2.27 Dieser Wagenheber ist eigentlich als Ergänzung zur Hebebühne gedacht, kann allerdings bei begrenztem Budget eingeschränkt auch deren Funktion übernehmen. Er ist besonders hilfreich, wenn das Motorrad keinen Hauptständer hat.

2.26 Hebebühnen gibt es in verschiedensten Ausführungen. Bei dieser Version wird die Bühne über einen Hydraulikzylinder mit dem Fuß hochgepumpt, was für einen Hobby-Schrauber absolut ausreichend ist.

2.28 Sprühöl aus der Dose ist in der Werkstatt ein unverzichtbares Hilfsmittel. Es macht schwergängige Teile wieder beweglich, schmiert sie und schützt vor Korrosion.

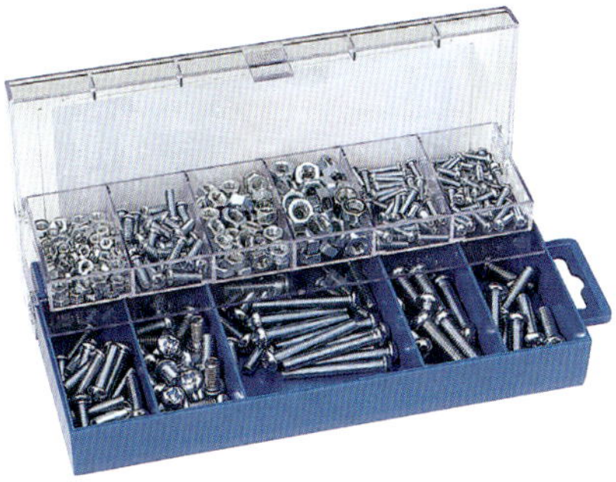

2.29 Ein Vorrat an verschiedenen Schrauben, Muttern und sonstigen Befestigungselementen ist unbedingt erforderlich, da sich viele dieser Teile beim Zerlegen in schlechtem Zustand befinden werden und nicht mehr verwendet werden können. Beim Einsatz von Edelstahlschrauben ist zu bedenken, dass es diese auch mit unterschiedlicher Zugfestigkeit gibt. Wenn eine Restaurierung in den Originalzustand erfolgen soll, müssen ohnehin die originalen Schrauben aufgearbeitet oder die relativ teuren Schrauben des Motorradherstellers angeschafft werden.

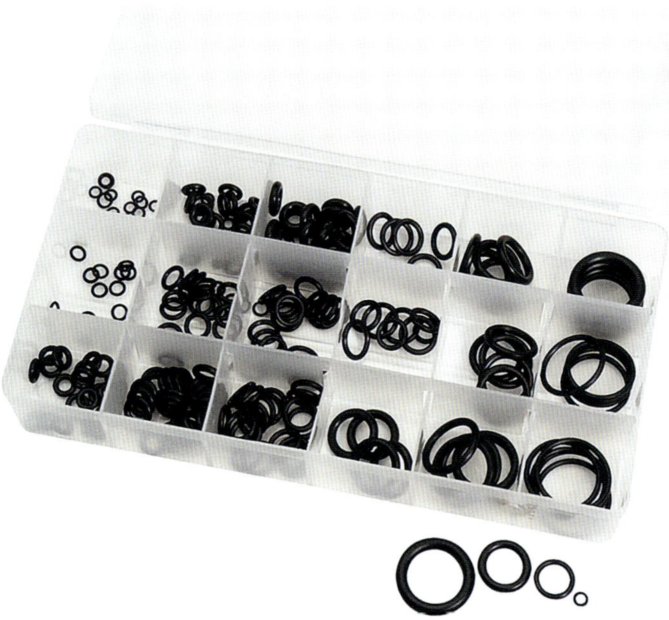

2.30 O-Ringe sind an vielen Stellen eingebaut. Im Sortiment gekauft sind sie sehr günstig.

2.31 Schließlich sollten Sie sich ein Werkstatthandbuch für das Motorrad besorgen, das Sie restaurieren möchten. Meist werden diese im Internet angeboten, sei es als gedruckte oder elektronische Version. Darin finden Sie alle wichtigen Informationen und Arbeitsschritte einschließlich der Verschleißmaße und Anzugsdrehmomente.

Kapitel 3
Das erste Projekt

Die Auswahl des ersten Restaurierungsprojekts kann schon eine Herausforderung sein, denn die Entscheidung hängt von unterschiedlichsten Bedingungen wie dem vorhandenen Budget, den eigenen Fähigkeiten, den (noch) erhältlichen Ersatzteilen und der verfügbaren Zeit ab.

Jeder hat Erinnerungen an seine ersten Erfahrungen mit Autos und Motorrädern und oft ist das erste Projekt genau das Modell, das man einmal besessen hatte und wieder fahren möchte. Oder das man haben wollte und es sich damals nicht leisten konnte. Was früher außerhalb der finanziellen Möglichkeiten lag, kann heute durchaus erschwinglich sein – Sie müssen nur noch das Exemplar finden, das Ihnen zusagt.

Zuerst sollten ein paar praktische Umstände abgewogen werden. Gehören Sie zu der Sorte Motorradfahrern, die ihr Motorrad zum Zündkerzenwechsel in die Werkstatt bringen oder trauen Sie sich zu, einen Motor zu überholen? Haben Sie abends und am Wochenende Zeit, um an Ihrem Projekt zu arbeiten oder sind Sie bereits glücklich, wenn Sie einmal eine freie Stunde haben? Mit welchen Kosten muss bei der Restaurierung gerechnet werden? Über das alles sollte nachgedacht werden, bevor Sie Ihr mühsam verdientes Geld ausgeben.

Falls Sie bisher keine Erfahrungen mit der Wartung eines Motorrads oder Autos gemacht haben sollten, ist es besser, für das erste Restaurierungsprojekt etwas weniger Anspruchsvolles zu kaufen. Vielleicht eine Maschine, deren Motor läuft oder die noch nicht allzu lange stillgelegt war.

Sie können oft viel Geld und Zeit sparen, wenn Sie ein abgebrochenes Restaurierungsprojekt finden. Aus irgendwelchen Gründen kommen trotz aller guten anfänglichen Absichten immer wieder Restaurierungen mitten in den Arbeiten zum Erliegen. Ab und zu werden solche Fahrzeuge angeboten und könnten ein gutes Einsteigerobjekt in die Motorradrestaurierung sein. Bei solchen Projekten ist es allerdings ganz wichtig, dass das Motorrad komplett ist bzw. war und die abgebauten Teile einigermaßen sortiert sind. Ansonsten ist der Zusammenbau sehr schwierig.

ZEIT UND GELD

Die Entscheidung für Ihr erstes Projekt wird größtenteils durch die Faktoren Zeit und Geld bestimmt. Manche bevorzugen einen Zustand, der eine Aufarbeitung während der Wintermonate erlaubt, damit das Motorrad rechtzeitig zum Saisonstart im nächsten Jahr fertig ist; in Mitteleuropa ist das meist die Zeit um Ostern.

Über das ganze Jahr hinweg finden zwar Ausstellungen und andere Veranstaltungen statt, die uns Motorradfahrer bei Laune halten sollen, aber nach dem Winter machen die schon an Ostern merklich wärmeren Abende und kürzeren Nächte noch mehr Lust auf das Fahren in kommenden Sommermonaten. Falls Sie in einer Gegend wohnen, in der es ganzjährig angenehm warm ist, sind Sie zu beneiden. Das muss für einen Motorradenthusiasten das Paradies sein!

Wenn Sie weiteren wichtigen Verpflichtungen nachkommen müssen, kann sich eine Restaurierung auch über mehrere Jahre hinziehen, mit einem langsamen aber stetigen Fortschritt. So lange Ihnen diese Arbeiten Spaß machen, ist es zweitrangig, wie viel Zeit Sie in dieses Projekt investieren.

Sollten Sie sich für ein Winterprojekt entscheiden, darf es tatsächlich auch nicht zu zeitintensiv sein, denn Ihnen stehen nur wenige Monate bis zum Saisonbeginn zur Verfügung. Am besten wählen Sie ein Modell mit einer problemlosen Ersatzversorgung, denn die Teilesuche kann bei einer Motorradrestaurierung sehr zeitaufwändig sein.

Falls Sie ein seltenes klassisches Motorrad kaufen, sind die Ersatzteile dafür genauso rar und daher teuer. Das von Ihnen gesuchte Teil brauchen vielleicht noch andere Besitzer des gleichen Motorradtyps, was den Preis in die Höhe schießen lässt. Dem gegenüber stehen Allerwelts-Klassiker wie eine Honda CB 400 oder Yamaha RD 250, deren Teile sich relativ problemlos auftreiben lassen, was das gesamte Vorhaben generell günstiger macht.

Beim Studieren von Verkaufsanzeigen in Zeitschriften oder im Internet werden Sie immer wieder auf Motorräder stoßen, die jetzt in einem besseren Zustand sind als sie jemals das Werk verließen. Einige enden als Ausstellungsstücke und werden wohl niemals gefahren werden. Ihre Besitzer haben Unsummen investiert, um diese Maschinen perfekt neu aufzubauen. So werden alle möglichen Teile durch Neuteile ausgetauscht, der vorhandene Chrom auf absoluten Hochglanz gebracht und Schrauben, Muttern und Scheiben durch solche aus poliertem Edelstahl ersetzt.

3.1 Impressionen von einer Motorradausstellung in Boston, Lincolnshire: Eine schön restaurierte CB 400 F steht hier neben einem recht individuell aufgebauten BMW-Boxer.

3.2 Ein Beispiel für ein nachgefertigtes Blinkerglas: Zwar sieht es dem Originalteil sehr ähnlich, aber bei den Puristen ist es verpönt.

Dieser hohe Anspruch fordert allerdings seinen Preis. Wer meint, er könnte ein solches Resultat mit etwas Geld und ein paar abendlichen Schrauberstunden erzielen, irrt gewaltig. Eine solche High-end-Restaurierung zieht sich über Jahre hin.

Die Verfügbarkeit von Ersatzteilen sollte bei der Auswahl des Restaurierungsobjektes höchste Priorität haben. Bei vielen älteren japanischen Motorrädern sind die Anbauteile der verschiedenen Modelle eines Herstellers identisch. Das macht die Sache einfacher, vorausgesetzt Sie wissen zwischen welchen Modellen diese Bauteilgleichheit besteht.

In diesem Buch sind Bilder einer vom Autor selbst restaurierten Honda CB 350 Four von 1973 zu sehen. Dieses Motorrad ist ein gutes Beispiel für die modellübergreifende Verwendung von Bauteilen. Obwohl die CB 350 Four offiziell nie in Großbritannien verkauft wurde, war es doch ein dankbares Restaurierungsobjekt, weil viele Teile mit anderen Modellen übereinstimmen.

Falls keine Neuteile mehr erhältlich waren, griff der Autor auf Ersatzteile der CB 400 Four zurück. Auch bei den Modellen CB 500, CB 550 und CB 750 Four fand sich für diese Restaurierung viel Verwertbares – und sogar bei der zweizylindrigen CB 350.

Leuchten, Blinker, Schaltereinheiten, Instrumente und selbst einige Chromteile sind zwischen vielen Modellen austauschbar. Damit erhöht sich die Chance, ein gut gebrauchtes Ersatzteil zu finden, wenn das Neuteil nicht mehr erhältlich ist.

3.3 Von so etwas sollte man die Finger lassen: Durch seine Unvollständigkeit eignet sich dieser Motorradrest gerade noch als Ersatzteilspender.

Mittlerweile werden auch viele Teile als Nachfertigungen (so genannte Repro-Teile) angeboten.

Einige Restaurierer lehnen diese Teile grundsätzlich ab, für andere stellt ihr Einbau kein Problem dar. Falls Sie aber später Ihr fertiggestelltes Motorrad auf Ausstellungen präsentieren möchten, führt kein Weg an den Originalteilen vorbei. Sind Sie allerdings damit zufrieden, dass Ihr Motorrad „nur" nahezu 100 Prozent original erscheint, können Sie auf sehr gut gefertigte Repro-Teile zurückgreifen, die dem Originalteil sehr ähnlich sehen und preislich das Budget nicht exorbitant überfordern.

Mitunter werden auch „Projekte" angeboten, die weit davon entfernt sind, ein Motorrad zu sein, sondern eher eine Sammlung von mehr oder weniger brauchbaren Ersatzteilen darstellen. Für den Einstieg ist das der kostspieligste Weg. Ihr erstes Projekt sollte ein komplettes

Motorrad sein, das Sie selbst in Ruhe auseinandernehmen. Auf diese Weise verstehen Sie nicht nur, wie es zerlegt wird, sondern auch wie der Zusammenbau funktioniert. Dabei können Sie jedes Teil, das Sie abbauen, überprüfen und entscheiden, ob es so weiterverwendet werden kann oder aufgearbeitet werden muss.

An bereits zerlegten Motorrädern fehlen oft Kleinteile wie Gummis oder spezielle Bolzen und Schrauben. Aufgrund ihrer Größe verschwinden sie sehr häufig und sie scheinen ja auch nicht viel wert zu sein.

Aber sie sind oft nur schwierig wieder zu beschaffen und ohne sie können Sie das Motorrad nicht wieder richtig zusammenbauen.

Natürlich gibt es immer Ausnahmen von den Regeln, aber dafür müssen Sie mutig sein. Angenommen, Ihnen würde ein seltenes Stück über den Weg laufen; vielleicht eine BSA Gold Star oder eines der ersten Kawasaki-Z900-Modelle, die in restauriertem Zustand wahre Sammlerstücke sind. Dann kann man darüber nachdenken, einen solchen Motorradbausatz zu kaufen – aber das ist nichts für Feiglinge, Ungeduldige und Sparsame.

3.4 Ein typisches Restaurierungsobjekt aus den USA: Das warme Klima des Ursprungslandes hat die Chromteile in einem sehr guten Zustand erhalten.

IMPORTMOTORRÄDER

Sobald Sie die Grenzen Ihres Budgets und Ihrer eigenen Fähigkeiten abgesteckt haben, können Sie nach einem geeigneten Motorrad suchen. Die Auswahl ist schier unüberschaubar, aber beachtenswert ist das Angebot an importierten Motorrädern. In den USA und natürlich auch in Japan ist ein wesentlich größeres Angebot an älteren japanischen Motorrädern vorhanden als hier in Europa.

Dort kann man richtig gute Schnäppchen finden, denn häufig sind diese Maschinen für ihr Alter in einem sehr guten Zustand, weil sie unter günstigen klimatischen Bedingungen gefahren wurden.

An so einem Projekt gibt es nichts auszusetzen, so lange Sie wissen, worauf Sie sich einlassen. Viele dieser Motorräder werden unrestauriert und auch ohne Zulassung angeboten. Das stellt kein großes Problem dar, erfordert aber etwas Zeit und Geduld für die Formalitäten.

Äußerst wichtig ist, dass der Verkäufer die vollständigen Einfuhrdokumente vorweisen kann. Daraus geht hervor, dass der Zoll und die Steuer bezahlt wurden. Liegen diese Dokumente nicht vor, lassen Sie die Finger davon. Wenn diese Dokumente nicht in Ordnung sind, können Sie bei der Zulassung des fertiggestellten Motorrads Schwierigkeiten bekommen.

Informationen, welche Unterlagen Sie für eine Zulassung benötigen, finden Sie im Internet oder erhalten Sie bei Ihrer örtlichen Zulassungsstelle.

Originalzustand

3.5 Aus dem Jahr 1973 stammt die schön restaurierte Honda CB 350 Four. Sie sieht fast neu aus, jedoch ist die Auspuffanlage nicht serienmäßig, aber immerhin noch als 4-in-4-Anlage ausgeführt. Original sind dafür die Farbe und die Aufkleber.

VERSCHIEDENE PROJEKTTYPEN

Welches Ziel verfolgen Sie beim Aufbau Ihres Motorrads? Die Restaurierung eines Motorrads kann in verschiedene Richtungen verlaufen. Beim Besuch einer typischen Motorradausstellung können Sie Exemplare sehen, die über den ursprünglichen Zustand hinaus restauriert wurden. Deren Aluminium- und Chromteile sind auf Hochglanz poliert und auch die Lackierung ist absolut makellos. Manche Maschinen wurden zu Café-Racern oder Renn-Replicas umgebaut; dann gibt es Eigenbauten, in denen Komponenten von völlig verschiedenen Herstellern stecken. Nachfolgend finden Sie ein paar Beispiele dazu.

3.6 Diese Suzuki AP50 von 1976 sieht besser als neu aus. Beachten Sie die Pedale – hier handelt es sich um ein Moped!

Show-Restaurierung

3.7 Diese sehr schön aufgebaute RD 350 LC wurde zum Ausstellungssieger gekürt. Allerdings sieht dieses Motorrad ganz anders aus als der ehemalige Neuzustand und ist ein gutes Beispiel dafür, welches Niveau man erreichen muss, um bei Ausstellungen erfolgreich zu sein. Individuelle Lackierung, ausgewählte Zubehörteile und eine akribische Detailarbeit waren hier ausschlaggebend.

Café-Racer

Etliche Motorräder werden im so genannten Café-Racer-Stil wieder aufgebaut und sind damit Rennmaschinen aus der Zeit der 1950er bis 1970er Jahre nachempfunden. Einige haben sogar eine Straßenzulassung und viele Besitzer erscheinen damit auch bei so genannten Track Days (Veranstaltungen mit Beschleunigungsrennen) wie sie zum Beispiel in Glemseck bei Stuttgart stattfinden.

Umbauten

In den 1950er und 1960er Jahren führte am so genannten „Federbett"-Rahmen von Norton kein Weg vorbei.

Andererseits hatten die Motoren von Vincent die höchste Leistung. Das verleitete einige Spezialisten dazu, Vincent-Motoren in Norton-Rahmen einzubauen; das Ergebnis nannte sich „Norvin". Darüber hinaus gab es noch weitere mehr oder weniger skurrile Kreationen, wie zum Beispiel die TriBSA (Triumph-BSA), die Norton Imp (ein Hillman Imp-Pkw-Motor in einem Norton-Rahmen) oder auch Zündapp-Gespanne mit VW-Motoren.

3.9 BSA baute nie ein Motorrad mit einem 4-Zylinder-Reihenmotor: Dieses hier entstand in Eigenregie des Besitzers und ist ein gutes Beispiel für markenübergreifende Umbaumaßnahmen.

3.8 Ein Beispiel für einen Café-Racer: Das Motorrad sieht so authentisch aus, dass es tatsächlich schon immer eine Rennmaschine gewesen sein könnte.

WORAUF ZU ACHTEN IST

Viele dieser hier aufgelisteten Fehler und Mängel sind bei Restaurierungsobjekten häufig vorhanden und Sie sollten sich deshalb keine Sorgen machen, wenn Ihr Motorrad auch davon betroffen ist – schließlich handelt es sich ja um eine Restaurierung. Das Wissen, worauf geachtet werden muss, erleichtert Ihnen die Entscheidung, ob das ausgewählte Motorrad tatsächlich das ist, wonach Sie suchen und hilft beim Argumentieren während der Preisverhandlungen mit dem Verkäufer.

Alle Motorräder waren einmal der Stolz des Besitzers. Im Laufe der Jahre lässt meist die Begeisterung nach und die Wartung und Pflege werden vernachlässigt. Falls der bisherige Besitzer ein technischer Laie war, können schon einfache Fehler wie defekte Unterbrecherkontakte oder eine Kabelunterbrechung der Grund dafür sein, warum der Motor nicht mehr anspringt. Der Besitzer ließ dann mangels Wissen und Interesse das Motorrad einfach stehen. Stellen Sie die Problemursache fest und reparieren Sie den Fehler während der Restaurierung.

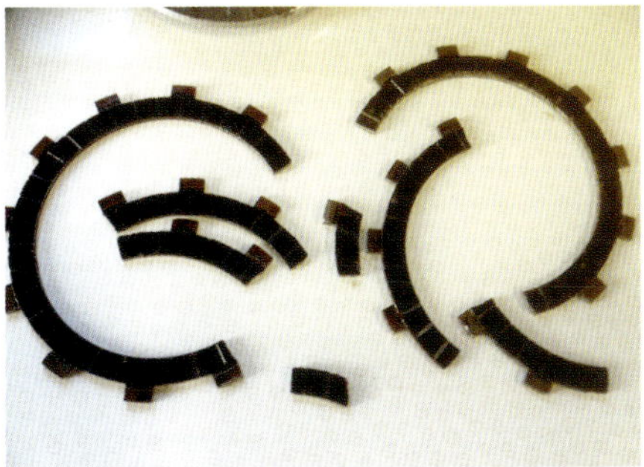

3.10 Auch das kann bei einem Restaurierungsobjekt zum Vorschein kommen: zerbröselte Kupplungsscheiben.

Sobald ein Motorrad längere Zeit ohne weitere Konservierungsmaßnahmen abgestellt bleibt, beginnen die Gummiteile auszuhärten, Bauteile fangen an zu rosten und die Aluminium- und Chromteile laufen an und oxidieren. Um Ihr Motorrad wieder in altem Glanz erscheinen zu lassen, müssen alle diese Erscheinungen beseitigt werden.

Nachfolgend sind die Punkte aufgelistet, die Sie bei der Inaugenscheinnahme Ihres ersten Projekts abarbeiten sollten.

Erster Eindruck

Wie ist Ihr erster Eindruck von dem Motorrad? Sind alle Teile vorhanden oder fehlen offensichtlich welche? Seitendeckel, Blinkergläser und Leuchten sind Bauteile, die häufig verschwunden sind.

Hat der Besitzer noch alle Schlüssel? Falls sie nicht mehr vorhanden sind und auch nicht mehr nachgefertigt werden können, brauchen Sie einen kompletten Schlosssatz.

Gehört der Motor ins Fahrzeug? Allerdings stimmen nicht bei allen Herstellern werkseitig die Fahrgestell- und die Motornummer überein (was als „Matching Numbers" bezeichnet wird). Es kann jedoch sein, dass im Lauf der Zeit ein Motor desselben Typs, aber aus einem anderen Baujahr eingebaut wurde. Puristen runzeln hier die Stirn, wenn der Motor nicht original ist. Es stört nicht jeden, sollte aber berücksichtigt werden.

Sind alle Fahrzeugdokumente vorhanden? Ansonsten ist zusätzlicher Zeit- und Kostenaufwand für die Zulassung erforderlich.

Hat der Besitzer noch alte Anleitungen und Fahrerhandbücher? Meist sind diese noch irgendwo abgelegt und sie können wirklich hilfreich sein. Fragen Sie daher beim Kauf nach.

Gibt es noch irgendwelche Ersatzteile? Viele Besitzer horten Kisten mit alten Teilen, von denen sie glauben, dass sie eigentlich wertlos sind. Wenn möglich, nehmen Sie diese mit. Häufig finden Sie darin ein Teil, das Sie suchen.

Sieht es so aus, als ob das Motorrad einfach abgestellt und „vergessen" wurde, oder entsteht der Eindruck, als hätte jemand daran gebastelt? Hinweiszeichen können lose oder fehlende Schrauben, abgenommene Seitendeckel und eine ausgebaute Batterie sein.

Der Motor

Zuerst wird der Motor eingehender untersucht. Wenn er anspringt und läuft, ist das ein guter Anfang. Achten Sie dann auf die Rauchentwicklung und Motorgeräusche. Handelt es sich um einen 2-Takt-Motor, ist anfängliches starkes Qualmen nach dem Anlassen normal und sollte sich nach einigen Minuten verringern, ganz verschwinden wird es nicht. Das ist normal, da das zur Schmierung der Kolben und Kurbelwelle erforderliche Öl mitverbrannt wird.

Ein 4-Takt-Motor sollte dagegen kaum aus dem Auspuff qualmen. Durch den Choke erhält der Motor beim Anlassen relativ viel Kraftstoff und kann daher etwas rauchen, was jedoch nach der Warmlaufphase aufhören muss. Verwechseln Sie dabei nicht Auspuffqualm mit Wasserdampf. In der Warmlaufphase entsteht durch die unvollkommenere Verbrennung und die kalte Auspuffanlage mehr Wasserdampf, der besonders bei niedrigen Temperaturen deutlich sichtbar ist. Er hat eine weißliche Färbung, während schwarzer Rauch (Problem in der Gemischaufbereitung) oder Blaurauch (verbranntes Motoröl) auf Fehler am Motor hinweisen.

3.12 Dieser Kolben war so festgerostet, dass er sich nur noch mit roher Gewalt aus dem Zylinder ausbauen ließ. Danach musste der Zylinder aufgebohrt und ein Übermaßkolben eingebaut werden.

3.11 Sind die Zündkerzen noch eingebaut? Fehlende Zündkerzen sind ein schlechtes Zeichen, besonders wenn das Motorrad im Freien abgestellt war. Dann konnte Feuchtigkeit in den Zylinder eindringen und zu Korrosion führen.

Falls der Motor nicht anspringt

Lässt sich der Motor noch durchdrehen? Versuchen Sie es mit dem Kickstarter – selbst wenn ein elektrischer Anlasser vorhanden ist, wird dieser nicht viel nützen, weil höchstwahrscheinlich die Batterie tot ist. Sollte der Motor fest sein, kann das sehr teuer werden.

Können Sie den Kupplungshebel ziehen und die Gasschieber bzw. Drosselklappen leicht öffnen? Das vermittelt einen Eindruck, wie lange das Motorrad schon abgestellt ist. Diese Bauteile brauchen eine lange Zeit bis sie ihre Funktion einstellen und wenn sie einmal festgegangen sind, ist ein weiteres Problem vorhanden, das beseitigt werden muss.

Lassen sich alle Gänge einlegen? Schieben Sie das Motorrad leicht vor und zurück während Sie mit dem Schalthebel das Getriebe durchschalten. Bei schwereren Motorrädern sollten Sie sich dabei helfen lassen.

Tank und Sitzbank

Für viele klassische Motorräder lässt sich ein gebrauchter Tank nur schwer auftreiben und die wenigen angebotenen Exemplare sind daher sehr teuer. Neuteile sind meist nicht mehr verfügbar und bis auf wenige Ausnahmen gibt es auch keine Nachfertigungen.

3.14 Die Form dieses Tanks ist soweit in Ordnung und eine Nachlackierung ist möglich. Messen Sie vorher die genaue Lage der Zierstreifen aus, damit sie nach dem Lackieren wieder an der richtigen Stelle angebracht werden können.

3.13 Öffnen Sie den Tankdeckel und begutachten Sie das Tankinnere. Ist er sauber oder schmutzig? Wie stark sind eventuell vorhandene Verschmutzungen? Falls der Tank ein Loch hat wie der abgebildete, ist Ersatz erforderlich. Beim Betrachten des Motorrads mit geschlossenem Tankdeckel sah alles völlig normal aus!

3.15 An der Sitzbank ist meistens etwas Arbeit erforderlich. Unbeschädigte Sitzbankbezüge sind selten, und mit einem neuen Bezug verbessert sich das Aussehen erheblich. Achten Sie auf einen intakten Sitzbankkörper. Dieser hier ist in einem guten Zustand, die Scharniere sind noch fest und es ist nur leichter Rostansatz vorhanden. Selbst die Sitzbankgummis zur Abstützung sind noch an ihrem Platz.

Sehen Sie sich daher den Tank genau an. Die Optik lässt sich wieder herstellen, sehr sorgfältig muss dagegen nach Durchrostungen gesucht werden. Hat der Tank noch seine ursprüngliche Form? Keine Beulen oder sonstige Beschädigungen? Zwar können solche Schäden behoben werden, aber je mehr zu reparieren ist, umso teurer wird die Instandsetzung.

Die meisten älteren Motorräder haben einen Sitzbankkörper aus Stahl – und der kann rosten. Kleinere Roststellen können ausgebessert werden, aber eine durchgerostete Sitzbank erfordert meistens einen Ersatz, der erst einmal gefunden werden muss. Sitzbankbezüge sind dagegen für viele klassische Motorräder erhältlich, aber an einem durchgerosteten Sitzbankkörper lässt sich kein Bezug befestigen. Auch die Sitzbankscharniere können lose sein,

3.16 Dieser Sitzbankbezug und die Zierleisten haben schon bessere Zeiten gesehen; die Sitzbankfüllung war dagegen sogar noch brauchbar.

3.17 Die Standrohre dieser Teleskopgabel zeigen leichte Oberflächenschäden. Solange sich diese nicht im Arbeitsbereich des Tauchrohres befinden, kann man die Beseitigung auf einen späteren Zeitpunkt verschieben. Ein Neu-Verchromen ist jedoch empfehlenswert – sofern dies möglich ist. Die Tauchrohre erfordern ebenfalls eine gute Politur.

weshalb sich die Sitzbank nicht mehr sicher am Rahmen befestigen lässt.

Die Schaumstoffpolsterung ist weniger problematisch, aber ein guter Zustand ist von Vorteil. Ein neues Polster aus einem Schaumstoffblock herauszuschneiden ist eine Kunst und die richtige Form zu treffen ist nicht einfach.

Rahmen und Vorderradgabel

Überprüfen Sie den Rahmen und die Gabel auf offensichtliche Schäden. Viele Motorräder hatten irgendwann einmal „Bodenkontakt" und ein stark unfallbeschädigtes Motorrad sollte man stehen lassen. Achten Sie auf verzogene bzw. verbogene Standrohre, Schwingenholme, Ständer, Fußrasten, Schalt- und Bremshebel sowie Beulen und tiefe Kratzer.

Peilen Sie von vorne und hinten über das Motorrad und überprüfen Sie, ob es gerade und symmetrisch ist. Die Fußrasten sollten auf derselben Höhe liegen. Sehen Sie sich die Auspufftöpfe an. Sie werden bei einem Sturz zuerst beschädigt, können aber auch einfach getauscht werden, um einen Unfall zu vertuschen.

Die Teleskopgabel sollte absolut gerade sein, denn das Erneuern von Standrohren und Gabelbrücken ist eine kostspielige Angelegenheit. Betrachten Sie sich alles genau und kontrollieren Sie, dass nichts verzogen ist.

Die Gabel kann auch innerhalb der Gabelbrücken verdreht sein, was nicht mit verbogenen Standrohren verwechselt werden darf. Eine verdrehte Gabel lässt sich wieder richten, indem man die Standrohrklemmschrauben an den Gabelbrücken löst und die Standrohre wieder gerade ausrichtet.

Sehen Sie sich die Standrohre näher an. Falls Sie verrostet sind müssen sie neu verchromt werden. Leichten Rost kann man eventuell mit Polieren beseitigen, ist aber die Oberfläche bereits angegriffen, führt das zu Ölverlust an den Gabeldichtringen. Das ist nichts Außergewöhnliches und in den meisten Fällen werden die Gabeldichtringe im Zuge der Restaurierung sowieso erneuert.

Nach längerer Standzeit kann durch leckende Gabeldichtringe der Ölstand in der Gabel abgesunken sein. Federn Sie die Gabel ein und aus – geht das leicht und schwingt sie dabei mehrmals nach? Das weist auf eine nicht mehr vorhandene Dämpfung hin, verursacht durch das fehlende Öl. Es dämpft die Ausfederbewegung und unterdrückt so das Nachschwingen.

Kapitel 4
Ersatzteil-beschaffung

Sobald Ihr erstes Restaurierungsprojekt in Ihrer Werkstatt steht und Sie endlich mit den ersten Demontagearbeiten anfangen können, sollten Sie auch schon beginnen, eine große Einkaufsliste für die benötigten Teile zu erstellen. Keine Sorge, diese Liste wird im weiteren Verlauf der Restaurierung garantiert auch immer länger werden. Wichtigste Frage: Wo bekommt man die erforderlichen Teile her?

DAS INTERNET

Das Word-Wide-Web ist ohne Zweifel die beste Möglichkeit, nach Ersatzteilen zu suchen. Auf Auktions-Webseiten werden Tausende von Teilen angeboten, die über die ganze Welt verstreut sind. Auf Webseiten wie eBay bieten oftmals gleich mehrere Verkäufer das gesuchte Ersatzteil an und können es Ihnen in wenigen Tagen an Ihre Haustüre liefern. Anhand von Nahaufnahmen des Teils kann der Zustand meist gut beurteilt werden. Allerdings gibt es auch Angebote mit nur wenig aussagekräftigen Beschreibungen und unscharfen Bildern, auf denen keine Einzelheiten zu erkennen sind. Hier sollten Sie vorsichtig sein.

Die eBay-Regeln zum Zeitpunkt der Drucklegung dieses Buches sahen vor, dass Sie im Fall eines Auktionskaufs (kein Sofort-Kauf) kein Rückgaberecht haben, wenn Sie nach dem Kauf Ihre Meinung geändert haben sollten – es sei denn, das Teil entsprach nicht der Beschreibung des Verkäufers. Falls Sie ein Teil durch einen Sofort-Kauf erwerben, können Sie den Artikel bei voller Erstattung der Kosten zurückgeben, falls es nicht passen sollte. Dazu gehören gewöhnlich auch die Versandkosten. Aktuelle Informationen dazu finden Sie in den Geschäftsbedingungen von eBay.

Bedenken Sie, dass bei Kauf eines Gegenstands in Ländern außerhalb der EU bei der Einfuhr unter Umständen eine Zollabgabe und Steuern erhoben werden. Alle Länder haben unterschiedliche Einfuhrregelungen, daher sollten Sie sich bei Ihrem Zollamt erkundigen, bevor Sie bei einem ausländischen Anbieter einkaufen. Der Kauf im Ausland ist trotz allem meist eine gute – in speziellen Fällen sogar die einzige – Möglichkeit, Ersatzteile zu beziehen, wobei sich die zusätzlichen Kosten oft im Rahmen halten.

Viele Oldtimer-Freunde haben nur positive Erfahrung bei der Ersatzteilbeschaffung aus dem Ausland über Onlineplattformen gemacht, aber trotz Käuferschutz bleibt ein Restrisiko. Der Nachteil bei Internetkäufen ist, dass man beim Kauf das Teil nicht genau begutachten kann und die Anlieferung abwarten muss, um den Zustand eingehend bewerten zu können.

KLUBS UND FOREN

Die Mitgliedschaft in einem Klub oder einem Forum bietet etliche Vorteile. Damit eröffnen sich sehr gute Möglichkeiten für die Teilebeschaffung und Sie erfahren, welche Händler empfehlenswert sind.

Viele Klubmitglieder sind Markenspezialisten, die ihre Motorräder seit Jahren besitzen und selbst reparieren. Sie kennen jedes einzelne Modell bis ins kleinste Detail und können neuen Mitgliedern wertvolle Tipps geben – nicht nur bei der Ersatzteilbeschaffung, sondern auch bei der Fehlersuche. Viele Probleme, die einen Neueinsteiger vor unlösbare Probleme zu stellen scheinen, können mit ihrer Hilfe oftmals einfach gelöst werden. Sie können davon ausgehen, dass einige Klubmitglieder sich bereits mit den gleichen Schwierigkeiten wie Sie auseinandersetzen mussten und daher schon die beste Lösung parat haben.

Eine nicht selten anzutreffende Aufteilung in Themenbereiche in Internetforen sieht so aus:

- Fehler und Abhilfen
- Schwachstellen und Abhilfen
- Treffen und Veranstaltungen
- Bereich für spezielle Modelle
- Restaurierungsgeschichten
- Kauf, Verkauf und Tausch
- Empfehlenswerte Werkstätten
- Wo ist mein altes Motorrad?
- Gleichwertige Teile und preiswerte eBay-Angebote
- Referenzbilder von restaurierten Motorrädern und technische Informationen
- Sonderumbauten und Streetfighter-/Track-Days-Motorräder
- Allgemeines Forum

Anhand dieser Liste wird deutlich, dass nahezu alle Themen behandelt werden. Die veröffentlichten Hinweise und technischen Hilfestellungen sind sehr gut und die Tipps helfen Ihnen, Zeit und Geld zu sparen. Für fast jedes Motorrad gibt es einen Klub oder ein Forum und bei gängigen Modellen haben sich oftmals gleich mehrere Plattformen etabliert, deren Hilfe in Anspruch genommen werden kann.

Einige Klubs und Foren fertigen sogar nicht mehr erhältliche Teile in Eigenregie nach. Bei ausreichender Nachfrage findet immer jemand eine Möglichkeit, ein solches Teil herzustellen.

Darüber hinaus gibt es auch spezielle Webseiten, die Ersatzteile für klassische Motorräder und auch Werkstattarbeiten anbieten.

ZEITSCHRIFTEN

Auch im Internetzeitalter sollten Zeitschriften nicht unterschätzt werden. In Deutschland erscheinen monatlich mehrere Oldtimer-Magazine, in denen auch klassische Motorräder behandelt werden, beispielsweise *Oldtimer Markt* oder *Oldtimer Praxis* und *Kurve – Klassische Motorräder*, die Sonderpublikation von *Motorrad News* und *Syburger Verlag*.

Sie alle haben einen umfangreichen Anzeigenteil, in dem auch etliche spezialisierte Ersatzteilhändler inserieren. Hier bietet sich eine gute Möglichkeit, Teile zu finden. Fachzeitschriften haben auch den Vorteil, dass man Adressen von Experten und Fachbetrieben erhält, die Motoren überholen oder Bauteile verchromen, lackieren, mit Pulver beschichten usw.

VETERANENMÄRKTE

Der Veteranen- oder Oldtimermarkt ist für viele der bevorzugte Weg, um Teile zu finden. Für alle, die ein solches Event wie zum Beispiel die Veterama in Mannheim noch nicht besucht haben: Das Flair bei diesen Veranstaltungen ist ganz besonders reizvoll – stellen Sie sich ein großes Gelände mit einer schier unüberschaubaren Zahl von Verkaufsständen vor, an denen Motorräder, Teile und Zubehör nur für klassische Motorräder angeboten werden. In den Gängen tummeln sich tausende gleichgesinnte Motorradbegeisterte und wühlen in den unzähligen Kisten auf der Suche nach dem letzten kleinen Teil für das Projekt zuhause in der Garage.

Zwar ist der Besuch eines Teilemarkts sehr zeitaufwändig, bietet aber den Vorteil, dass man das gesuchte Teil eingehend untersuchen und

4.1 Ein typischer Stand auf einem Teilemarkt: Hier gibt es viele interessante Dinge zu entdecken – und zu kaufen.

4.0 In Fachzeitschriften finden Sie Berichte über Restaurierungen und technische Abhandlungen. Darüber hinaus gibt es Informationen über anstehende Veranstaltungen wie Teilemärkte, Ausstellungen oder Markentreffen.

mit dem Verkäufer etwas feilschen kann. Kommt der Kauf zustande, kann man das Teil gleich mitnehmen. Mitunter weist Sie der Verkäufer auch darauf hin, welche Teile Sie zusätzlich noch benötigen oder erklärt, dass er noch weitere Teile zu verkaufen hat, die er momentan nicht dabei hat.

Auf solchen Märkten werden nicht nur Ersatzteile, sondern auch ganze Motorräder angeboten. Manche sehen aus, als hätte sie jemand gerade aus dem Baggersee gefischt, andere sind in einem tadellosen Zustand. Einige Händler haben sich auf eine einzelne Marke oder ein bestimmtes Modell spezialisiert, andere decken dagegen ein breites Spektrum ab. Viele der Standbetreiber sind Händler, die mit dem Verkauf von Motorrädern und Ersatzteilen ihren Lebensunterhalt bestreiten. Dazwischen finden sich auch immer wieder kleinere private Stände, an denen die gesammelten Restaurierungsüberbleibsel der letzten Jahre angeboten werden. Der Besuch eines Teilemarkts ist auf jeden Fall der unterhaltsamste Weg der Ersatzteilbeschaffung. Für das leibliche Wohl ist bei solchen

4.2 Ein schöne Auswahl alter Honda-Modelle wird von potenziellen Käufern begutachtet.

4.3 Auch im Ausland gibt es die Tradition der Teilemärkte: 11.000 Besucher waren an einem frostigen Januarwochenende nach Newark, England gekommen, um auf der Classic Bike Show nach Ersatzteilen zu suchen.

Veranstaltungen natürlich auch gesorgt und Sie können einen schönen Tag mit Ihrem Hobby verbringen. Im besten Fall kann man am Ende des Tages sein Auto mit all den erworbenen Kostbarkeiten beladen und das zufriedene Gefühl genießen, das Restaurierungsprojekt wieder einen Schritt weiter Richtung Fertigstellung gebracht zu haben. Und selbst wenn man erfolglos bleibt, so hatte man zumindest einen schönen Tag.

Eines steht fest: Sie werden auf solchen Teilemärkten nie genug Geld dabei haben. Fast jeder Stand scheint etwas zu haben, was man kaufen könnte und jedes Mal sieht man ein weiteres potenzielles Restaurierungsobjekt.

Viele Anbieter auf den Teilemärkten sind seit Jahren präsent und bekannt für ihre fairen Preise. Zum Verkauf stehen übrigens nicht nur alte und gebrauchte Ersatzteile, sondern es gibt auch etliche Händler, die neue Benzinleitungen, Schrauben und Muttern, Aufkleber usw. anbieten – die Liste ließe sich weiter verlängern.

Bei manchen Veranstaltungen, wie z. B. der Veterama, liegt der Schwerpunkt auf dem Teilemarkt, während bei anderen wie der Techno Classica in Essen der Fahrzeugverkauf und der Ausstellungscharakter im Vordergrund steht.

Auf jeden Fall sind die Chancen gut, dass Sie mit Hilfe solcher Einkaufstouren Ihr Projekt in kurzer Zeit fertigstellen werden!

Kapitel 5
Erste Schritte ...

Bevor man mit der Zerlegung beginnt und den Motor ausbaut, sollte noch sein Zustand überprüft werden. Lässt er sich in diesem Stadium zum Leben erwecken und scheint er in Ordnung zu sein, sind nur kosmetische Arbeiten wie Reinigen und Polieren erforderlich, bevor er wieder in den Rahmen einbaut werden kann.

VORSICHT! Prüfen Sie unbedingt vor irgendwelchen Startversuchen den Öl- und Kühlmittelstand und füllen Sie gegebenenfalls nach. Den Motor anzulassen um dann festzustellen, dass im Lauf der Jahre die Ölfüllung den Weg nach draußen gefunden hat, ist durch nichts zu entschuldigen. Ein durch Ölmangel verursachter Motorschaden zieht eine sehr teure Reparatur nach sich, die einfach vermieden werden kann.

Vor dem Startversuch werden das Zündsystem und die Kraftstoffversorgung überprüft. Zur schnellen Kontrolle des Zündsystems baut man die Zündkerze(n) aus, steckt sie wieder in den Zündkerzenstecker und legt sie mit dem Gewindeende auf dem Zylinderkopf ab.

Schalten Sie die Zündung ein. Normalerweise leuchten die Leerlauf- und/oder die Ölkontrollleuchte auf – das muss aber nicht immer der Fall sein.

Jetzt tritt man den Kickstarter kräftig nach unten – oder drückt den Anlasserknopf – und beobachtet dabei die Zündkerzenelektrode. Springt ein Funke über? Ist das der Fall, scheint das Zündsystem in Ordnung zu sein und die Zündkerze(n) kann wieder eingebaut werden. Bei einem Motorrad mit mehreren Zylindern führen Sie an allen diese Überprüfung durch.

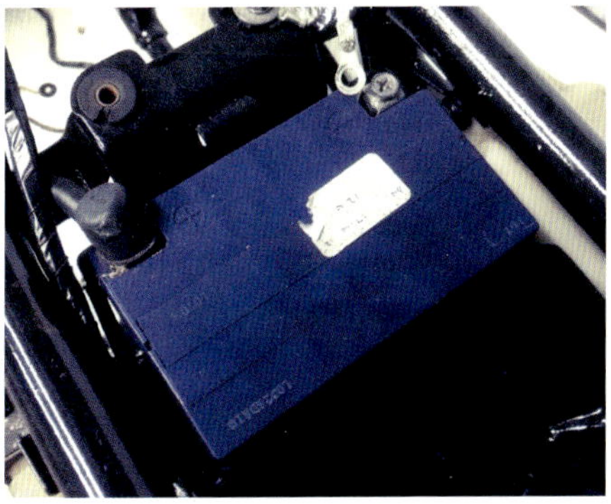

5.0 Eine qualitativ hochwertige Batterie hält einige Jahre und gewährleistet ein zuverlässiges Anspringen. Bei minderwertigen Batterien kann die Anlasserdrehzahl zu niedrig sein und Sie suchen Stunden nach der Fehlerursache. Beachten Sie beim Kauf, dass die neuen versiegelten Batterien andere Abmessungen haben können als die ursprüngliche eingebaute Ausführung. Pflegen Sie in den Wintermonaten die Batterie mit einem Dauerladegrät (Akku-Jogger).

Diese Art der Zündfunkenkontrolle hat auch den Vorteil, dass durch das Drehen der Kurbelwelle das Öl im Schmiersystem ohne Belastung des Motors bereits etwas verteilt wird. Falls an einer Zündkerze kein Funke vorhanden ist, kann das unter anderem am Zündkerzenstecker oder der Zündkerze selbst liegen. Das wird später eingehender untersucht.

Nach dieser Überprüfung ist die Kraftstoffversorgung an der Reihe. Es wird jetzt

5.1 Bauen Sie die Zündkerzen aus und legen Sie diese auf dem Zylinderkopf ab. Aber Vorsicht: Halten Sie nicht die Zündkerze direkt fest – Stromschlaggefahr! Stets nur den isolierten Zündkerzenstecker berühren. Sicherheitshalber verwenden Sie zum Festhalten am besten eine isolierte Zange. Hilfreich ist hier ein zweiter Mann, der den Kickstarter bestätigt.

5.2 Benzinhähne haben im Tankinnern immer einen feinen Siebfilter, der sich leicht zusetzen kann. Falls der Benzinaustritt in Ordnung ist, schließen Sie den Hahn und verbinden den Schlauch wieder mit dem Vergaser. Dieser Honda-Benzinhahn steht auf der „ON"-Stellung, daneben gibt es noch die „OFF"- und „Reserve"-Stellung.

vorausgesetzt, dass der Tank innen sauber und leer ist, ansonsten verwenden Sie einen zusätzlichen Benzintank. Befüllen Sie den Behälter mit einigen Litern frischen Kraftstoff, ziehen Sie den Benzinschlauch vom Vergaser ab und halten Sie das Ende in ein geeignetes durchsichtiges Gefäß. Anschließend öffnet man den Benzinhahn um zu sehen, ob und wie stark der Kraftstoff aus dem offenen Schlauchende herausläuft. Dabei sollte der Hahn etwa eine Minute geöffnet bleiben und das Benzin in dieser Zeit permanent herauslaufen. Damit haben Sie festgestellt, ob der Benzinhahn freien Durchlass hat und dass die Tankentlüftung nicht verstopft ist. Ansonsten entsteht ein Vakuum im Tank und es kann kein Kraftstoff mehr austreten. Konnte nichts Unregelmäßiges festgestellt werden, verbindet man den Benzinschlauch wieder mit dem Vergaser.

Nachdem ein Zündfunken vorhanden ist und Benzin zu den Vergasern gelangt, kann ein Startversuch unternommen werden. **Tipp:** Lassen Sie die Maschine immer im Freien an und nicht in der Werkstatt oder Garage. Zum einen kann die Rauchentwicklung nach längerer Standzeit durchaus etwas heftiger sein als erwartet; außerdem sind Auspuffgase beim längeren Einatmen gesundheitsgefährdend.

5.3 Das Einsprühen der Schrauben und Muttern mit einem Kriechöl kann das Lösen erleichtern. Das Öl benötigt eine gewisse Einwirkzeit, daher sprüht man die betreffenden Stellen am besten ein bis zwei Tage vorher ein.

Falls der Motor nun anspringt, lässt man ihn warmlaufen. Es kann sein, dass er zum ersten Mal seit langer Zeit wieder zum Leben erweckt wurde, daher sollte man ihn nicht zu hoch drehen. Achten Sie auf ungewöhnliche Geräusche sowie auf austretendes Öl oder Kühlmittel.

Sollten keine offensichtlichen Probleme auftreten, kann angenommen werden, dass der Motor soweit in Ordnung ist. Springt aber der Motor nicht an, obwohl die zuvor durchgeführten Tests positiv verliefen, muss später der Grund dafür gesucht werden.

Nachdem Sie den Motorzustand auf diese Weise überprüft haben, können Sie mit dem

5.4 Der Schlagschrauber muss fest in die zu lösende Schraube gedrückt werden, damit er beim Aufschlag des Hammers nicht herausspringt. Zum Schlagen verwendet man am besten einen Fäustel, der mit einem „trockenen" Schlag eine Drehbewegung des Schlagschraubers erzeugt und gleichzeitig die Spannung aus der Schraubverbindung herausnimmt. Manchmal können auch – vorsichtige – seitliche Schläge auf den Schraubenkopf die Vorspannung lockern. Dabei muss man jedoch aufpassen, das Gehäuse nicht zu beschädigen.

5.5 Die Muttern der Motorhalteschrauben oder ähnlichen Verschraubungen löst man am besten mit einer Stecknuss und einer Ratsche, während die Schraube selbst mit einem passenden Schlüssel am Mitdrehen gehindert wird. Sofern es keine selbstsichernde Mutter ist, sollte sie sich nach dem Lösen relativ leicht herunterdrehen lassen. Bleibt sie jedoch schwergängig, muss mit Kriechöl nachgeholfen werden, um eine weitere Beschädigung des Gewindes zu vermeiden. Vor dem Wiederzusammenbau sollte dann das Gewinde nachgearbeitet werden.

nächsten Schritt fortfahren. Lassen Sie den Tankinhalt in einen geeigneten Behälter ab, stellen Sie den Benzinhahn auf die „OFF"-Stellung und entfernen Sie den Kraftstoffschlauch am Tank, um diesen später abnehmen zu können.

SYSTEMATISCHES ZERLEGEN

Sie sollten die einzelnen Schritte bei der Zerlegung Ihres Motorrads und seiner Komponenten ausführlich fotografisch dokumentieren. Machen Sie dabei lieber mehr Bilder als zu wenige, denn sie werden beim Wiederzusammenbau äußerst hilfreich sein.

Ein sehr nützliches Werkzeug bei dieser Arbeit ist der Schlagschrauber, besonders wenn es darum geht festsitzende Kreuzschlitzschrauben zu lösen. Achten Sie auch darauf, schon beim ersten Versuch immer die passende Werkzeuggröße zu verwenden. Sehr häufig wird versucht, Schrauben mit einem falschen oder schlecht sitzenden Werkzeug zu lösen – mit dem Erfolg, dass der Schraubenkopf beschädigt wird und sich noch schlechter packen lässt. Für solche Fälle gibt es spezielle Werkzeuge, besser ist es aber, dass man es erst gar nicht so weit kommen lässt. Manche Schrauben und Muttern widersetzen sich hartnäckig allen Löseversuchen, hier können das Anwärmen mit einem Heißluftfön (in schwereren Fällen auch mit einem Butangasbrenner oder Autogenschweißbrenner) und ein „Entlastungsschlag" mit einem Hammer auf den Schraubenkopf hilfreich sein.

Zuerst werden die Verkleidung und weitere größere Teile des Motorrads entfernt, damit man die darunter liegenden Bauteilen erreichen kann.

Nehmen Sie die Sitzbank und den Tank ab.

Der Tank ist entweder mit dem Rahmen verschraubt oder wird über einen Haltegummi fixiert.

5.6 Sortieren Sie die Schrauben und Muttern nach Einbauort in verschiedenen entsprechend beschrifteten Behältern.

5.8 Jetzt kann der Stift entfernt werden. Normalerweise lässt er sich einfach herausziehen, was durch ein leichtes Bewegen der Sitzbank unterstützt werden kann. Ansonsten muss er mit einem passenden Durchschlag oder Dorn und einem Hammer herausgeklopft werden.

5.9 Dieser Tank ist mit einem Gummischnellverschluss befestigt. Durch Ziehen am Drahtbügel kann dieser aus den Haltelaschen herausgenommen werden.

5.10 Die meisten Benzintanks sind am hinteren Ende mit dem Rahmen verschraubt.

5.7 Viele Sitzbänke sind mit zwei Stiften gehalten, die mit einem Splint am Ende gesichert sind. Mit einer Spitzzange lassen sich die Splinte einfach herausziehen.

5.11 Nach dem Lösen der Befestigung wird der Tank leicht angehoben und nach hinten gezogen. Dadurch rutscht er aus den vorderen Aufnahmen heraus.

5.12 Am vorderen Tankende sind zwei halbkreisförmige Laschen angeschweißt, die über am Rahmen angebrachte Gummielemente geschoben werden.

5.14 Ziehen Sie nicht an den Kabeln, da sie sonst aus den Steckern herausgerissen werden könnten. Manche Steckergehäuse müssen zum Trennen entriegelt werden.

5.13 Die rahmenseitigen Gummielemente fixeren den Tank und verringern die Übertragung von Vibrationen. Falls sie in schlechtem Zustand sind, sollten sie ersetzt werden.

5.15 Dieser Seitendeckel ist an der Unterseite mit einer Schraube befestigt.

Anschließend werden die Seitendeckel, Leuchten und Blinker entfernt. Beim Trennen der elektrischen Steckverbindungen darf man nur am Stecker und nicht an den Kabeln ziehen, da sie sonst aus dem Stecker herausgerissen werden könnten. Dann wird der Kabelbaum entfernt. Überprüfen Sie die Steckverbindungen auf Korrosionserscheinungen oder sonstige Schäden. Ein Einsprühen mit Kontaktspray konserviert und erleichtert später den Zusammenbau.

AUSBAU DES MOTORS

Im Rahmen dieses Schrauberbuchs kann nur die allgemeine Vorgehensweise beim Motorausbau beschrieben werden. Fahrzeugspezifische Informationen finden Sie im Werk-

5.16 Auf der Oberseite sind zwei Schlitze vorhanden, mit denen der Seitendeckel am Rahmen eingehakt wird. Sobald die untere Befestigungsschraube entfernt wurde, lässt sich der Deckel abnehmen.

5.17 Nach dem Ausbau des Tanks und der Sitzbank offenbart sich der Zustand der darunter verborgenen Teile wie Kabelbaum, Haltegummis usw.

statthandbuch Ihres Motorrads. Beim Ausbau des Motors sollten Sie immer mit einem Helfer arbeiten; ein passender Wagenheber unter dem Motor leistet zusätzliche Hilfe.

Achtung: Der Motor ist meist das schwerste Teil an einem Motorrad, daher sollte eine passende Hebeeinrichtung (Wagenheber, Motorheber o. ä.) vorhanden sein.

5.18 Mit einer Zange wird die Sicherungsklammer des Kettenschlosses herausgedrückt. Ein Zangenschenkel stützt sich dabei am Bolzen des Kettenglieds ab, während der andere auf das offene Ende der Klammer drückt und sie nach vorne herausschiebt. In hartnäckigen Fällen kann auch ein Schlag mit einem alten Schraubendreher helfen.

5.19 Ausbau der Luftfilter

5.20 Ausbau der Vergaser

5.21 Zum Ausbau der Vergaser müssen die Gaszüge ausgehängt werden, was den Ausbau der Gasschieber erforderlich macht. Bei den meisten Modellen ist der Schieberkammerdeckel lediglich aufgeschraubt.

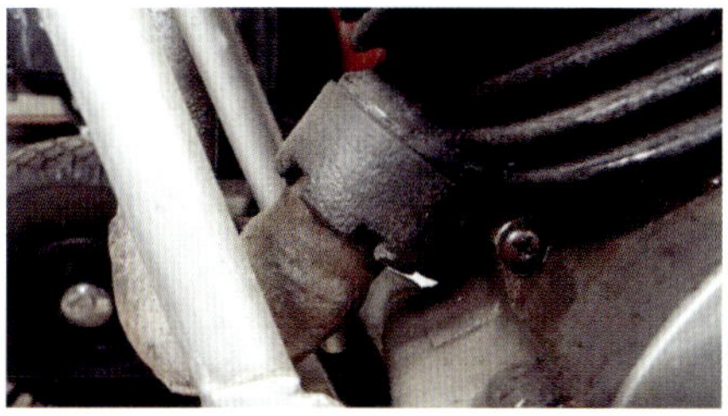

5.22 Lösen Sie die Auspuffkrümmer am Zylinderkopf. Manche sind mit Stehbolzen befestigt, andere mit einer Überwurfmutter, die mit einem Hakenschlüssel geöffnet werden muss. Danach wird die komplette Auspuffanlage gelöst und entfernt.

5.23 Meist ist der Motor mit drei oder vier Schrauben befestigt. Beim Lösen arbeitet man mit zwei Werkzeugen, um ein Mitdrehen der Schrauben zu verhindern.

5.24 Vor dem Herausziehen der Motorhalteschrauben muss der Motor mit einem passenden Wagenheber und einer Holzauflage abgestützt werden.

5.25 Nach dem Herausziehen der Halteschrauben hebt man den Motor aus dem Rahmen und setzt ihn für die Folgearbeiten auf einer stabilen Werkbank ab.

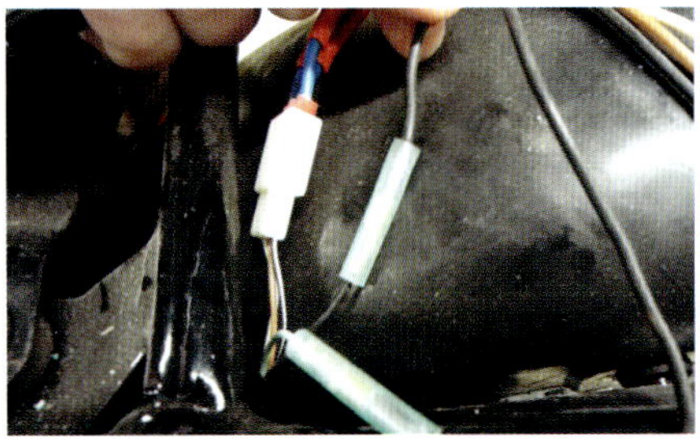

5.26 Die Anschlusskabel der Leuchten und Blinker trennt man am besten vor dem Lösen der Befestigungen.

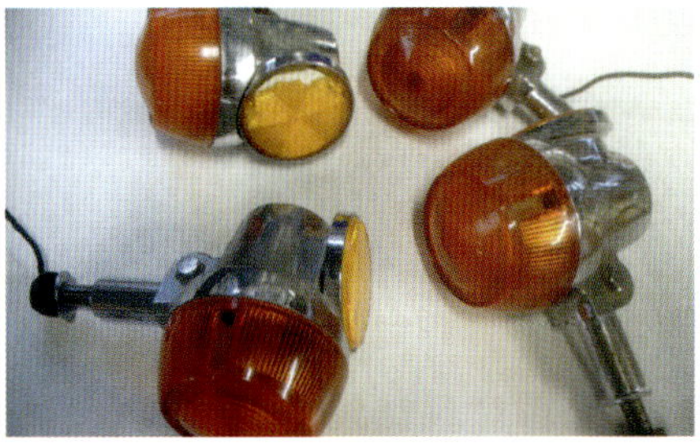

5.28 Überprüfen Sie den Zustand der Blinkergläser, Anschlusskabel und Chromoberflächen und entscheiden Sie, ob sie für einen Wiedereinbau geeignet sind.

5.30 Beim Lösen des Scheinwerfers muss man auf der Gehäuseinnenseite mit einem weiteren Schraubenschlüssel gegenhalten.

5.27 Die Blinker können unterschiedlich befestigt sein. Manche werden direkt in den Rahmen geschraubt und mit einer Kontermutter gesichert, andere durch den Rahmen gesteckt und mit einer Scheibe und Mutter fixiert.

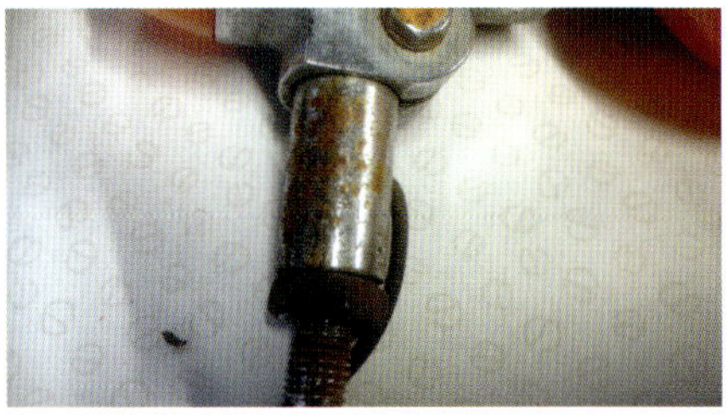

5.29 Häufig ist die verchromte Oberfläche in einem schlechten Zustand; die Blinkerhalter sind aber meist separat erhältlich.

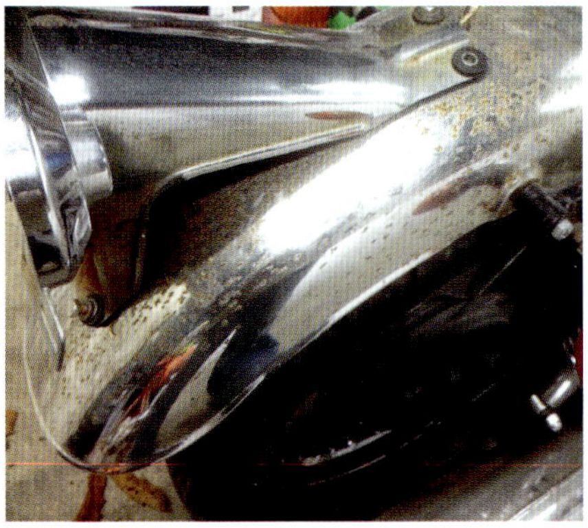

5.31 Das hintere Schutzblech wird mit vier Schrauben gehalten, die jeweils durch eine Gummiöse mit einer Hülse durchgesteckt sind. Nach dem Trennen der Anschlusskabel für das Rücklicht entfernt man die Schrauben und kann das Schutzblech abnehmen.

5.32 Das vordere Schutzblech ist auf jeder Seite mit zwei Schrauben am oberen Tauchrohrende der Teleskopgabel befestigt.

5.33 Zusätzliche, mit vier Schrauben fixierte Streben stützen das Schutzblech gegen das untere Tauchrohrende ab.

Arbeiten Sie stets zu zweit, versuchen Sie niemals den Motor alleine auszubauen!

Jetzt ist nur noch das rollende Fahrgestell übrig geblieben: der Rahmen mit der Vorderradgabel und Hinterradschwinge sowie die Räder. Für den nächsten Arbeitsschritt sollte der Rahmen unterhalb der Motoraufnahmen mit einem geeigneten Ständer oder Gestell unterbaut werden – zur Not kann dafür auch eine stabile Getränkekiste verwendet werden –, so dass beide Räder keinen Bodenkontakt mehr haben. Das erleichtert die folgenden Demontagearbeiten.

Nachdem der Rahmen sicher abgestützt ist, baut man zuerst die Räder, dann die Vorderradgabel, den Haupt- und Seitenständer und schließlich die Hinterradschwinge aus. Zurück bleibt der nackte Rahmen. Nach dem Ausbau der Räder kann man die Radachsen mit allen Anbauteilen wieder durch die Radlager schieben und die Kronenmuttern wieder aufschrauben. So gehen keine Distanzhülsen verloren.

5.34 Manche Motorräder haben hinterradseitig einen Spritzschutz aus Kunststoff, der einfach eingesteckt ist.

5.35 Entfernte Kleinteile sammelt man am besten, um sie später gemeinsam zu reinigen.

5.36 Irgendwo in diesem Kabelsalat verbergen sich die Steckverbinder für die Lenkerschalter. Trennen Sie alle Stecker und ziehen Sie den Kabelbaum durch die hinteren Öffnungen im Lampengehäuse.

5.37 Jetzt kann der komplette Kabelbaum entfernt werden. Dieser hier war an etlichen Stellen unsachgemäß geflickt worden, daher war ein Neuteil erforderlich.

5.38 Die Befestigungsschrauben der Lenkerschalter sind meist von der Unterseite eingesetzt.

5.39 Zur Demontage des Lenkers müssen die vier Halteschrauben der beiden Klemmbrücken entfernt werden.

5.42 Die Dimension der Schwingenachse hängt von der Größe des Motorrads ab. Auf dem Bild ist eine kleine Ausführung zu sehen, Abbildung 5.5 zeigt eine deutlich größere Version. Die Schwingenachse kann nach dem Entfernen der Mutter herausgezogen werden. Mitunter ist auch etwas Nachhilfe mit einem Hammer und einem passenden Durchschlag erforderlich. Dieser sollte aus weicherem Material, z. B. Kupfer sein, damit das Gewinde der Schwingenachse nicht beschädigt wird.

5.40 Vor dem Ausbau der Hinterradachse sollte man die Klemmschrauben der Kettenspanner lösen. Die Radachsen sind meist mit Kronenmuttern versehen, die mit einem Splint gesichert sind. Diese Splinte müssen immer erneuert werden und gehören daher auf die Teilebeschaffungsliste.

5.41 Zum Ausbau des Vorderrads entfernt man die in Bild 5.33 abgebildete Kronenmutter und zieht die Radachse heraus.

Tipp: Wenn man nach dem Ausbau eines Teils die dazu entfernten Schrauben wieder durch die Befestigungsbohrungen steckt und sichert, verliert man keine Teile und weiß immer, welche Schrauben wo eingebaut waren. Später können die alten Schrauben durch neue ersetzt werden und auf diese Weise wissen Sie, welche Schraube in welcher Größe verwendet werden muss. Möglich ist auch, die Schrauben

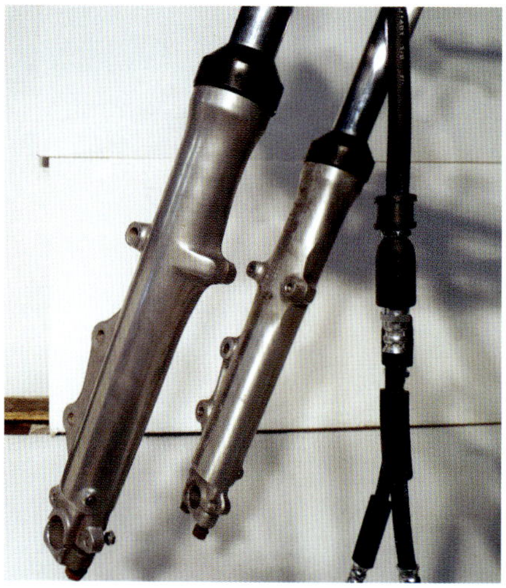

5.43 Als Tauch- oder Gleitrohre werden die unteren Elemente der Teleskopgabel bezeichnet.

5.44 und 5.45 Die Standrohre der Teleskopgabel sind mittels Schrauben in der oberen und unteren Gabelbrücke festgeklemmt. Nach dem Lösen der Schrauben können die Rohre nach unten herausrutschen. Meist ist allerdings etwas Nachhilfe in Form von leichten Schlägen auf das obere Ende erforderlich. In hartnäckigen Fällen kann – mit Gefühl! – die Klemmstelle mit einem Holzkeil etwas aufgeweitet werden.

5.46 Nachdem alles vom Rahmen entfernt ist, wird er eingehend auf Risse, defekte Schweißnähte und weitere Schäden überprüft.

5.47 Dieser Rahmen wurde mit einem Hochdruckreiniger von Fett und Schmutz befreit.

und Muttern nach Baugruppen zu sortieren. So können zum Beispiel alle Schrauben, Scheiben und Muttern der Motorbefestigung gemeinsam aufbewahrt werden.

Beide Ständer, die Schwinge und der Rahmen werden gesäubert, entrostet und neu lackiert oder pulverbeschichtet.

Vor dem optischen Aufarbeiten der Schwinge tauscht man die Lagerbuchsen aus und verschließt die Öffnungen, damit keine Farbe eindringen kann.

Denken Sie auch daran, gleich die diversen Halter zu lackieren.

Falls die Fahrwerksteile pulverbeschichtet werden soll, erteilen Sie am besten jetzt dem Betrieb Ihres Vertrauens den entsprechenden Arbeitsauftrag.

Möchten Sie den Rahmen und die Anbauteile selbst lackieren, können Sie mit der Vorbereitung beginnen. Zuerst werden die Teile mit Kaltreiniger und einer Bürste gründlich gereinigt und danach sorgfältig auf Schäden und Rissbildung überprüft. Schweißarbeiten zu Reparaturzwecken sollten – wenn überhaupt – nur nach Vorgabe des Motorradherstellers von einem Fachbetrieb durchgeführt werden. Gehen Sie hier kein Risiko ein und ersetzen Sie im Zweifelsfall das betroffene Bauteil.

Nach dem Reinigen schleift man alte Kratzer und Lackschäden heraus.

Vor dem Lackieren klebt man die Bereiche ab, die nicht lackiert werden sollen: Verbindungsstellen, das Innere des Lenkkopfs und der Schwinge usw. Eingedrehte alte Schrauben halten Gewinde frei von Farbe und ersparen das mühsame Nachschneiden.

Tragen Sie bei allen Lackierarbeiten eine Schutzausrüstung einschließlich Atemschutzmaske, da die Dämpfe gesundheitsschädlich sind.

5.49 Eine größere Auswahl an geeignetem Schleifpapier mit unterschiedlicher Körnung erleichtert das Arbeiten. Trocken- oder Leinenschleifpapier eignen sich für gröbere Aufgaben (Rostentfernung, Lackabtrag), mit Nassschleifpapier wird die Oberfläche für die Grundierung bzw. für den Lackauftrag vorbereitet.

5.48 Gründlich gereinigt und getrocknet ist der Rahmen bereit für die nächsten Arbeiten.

5.50 Zuerst entfernt man mit Schleifpapier der Körnung 120 den gröbsten Rost.

5.51 Anschließend setzt man die Arbeiten mit feinerem Papier fort, z. B. Körnung 240. Achten Sie dabei auf eine sichere Abstützung des schweren Rahmens!

5.52 Ein Druckluft- oder Elektroschleifer leisten wertvolle Dienste bei Arbeiten an schwer erreichbaren Stellen. Jetzt sollten auch alte Aufkleber entfernt werden.

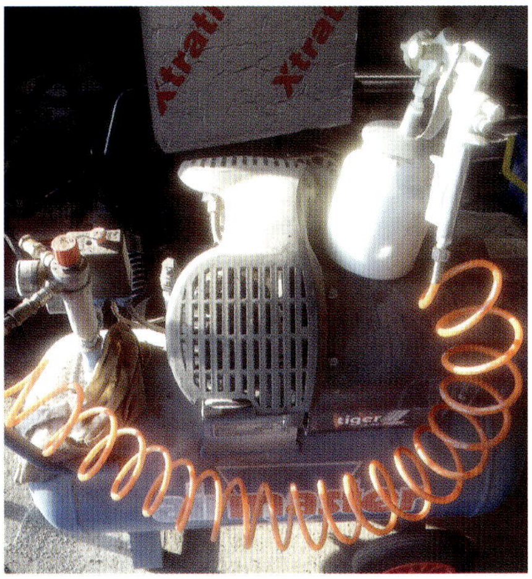

5.53 Selbst ausgeführte Lackierarbeiten erfordern für ein gutes Ergebnis einen leistungsstarken Kompressor und eine hochwertige Spritzpistole.

5.54 Falls keine Lackierausrüstung vorhanden ist, können Sie auch mit einer Sprühdose ganz brauchbare Ergebnisse erzielen. Farbsprühdosen für allgemeine Farben führen Baumärkte, für modellspezifische Farben wendet man sich an einen Anbieter für Autolacke.

5.55 Der Farbauftrag beginnt mit dem Spritzen von zwei Schichten Grundierung. Für das Lackieren braucht man Geduld. Die zuletzt aufgetragene Schicht sollte wirklich trocken sein, bevor die nächste Schicht aufgetragen wird. Dazu wird die Grundierung immer nur in dünnen Schichten aufgetragen. Das beschleunigt den Trocknungsvorgang und verhindert Nasenbildung im Oberflächenbild.

5.56 Wenn man kleinere Teile aufhängt, kann man sie von allen Seiten erreichen, ohne sie dazu drehen oder anfassen zu müssen.

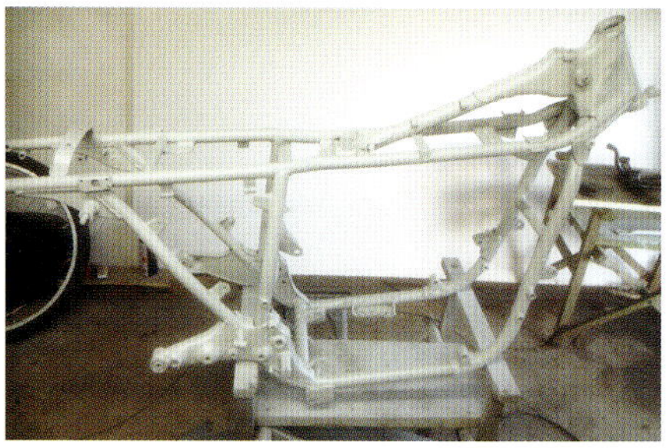

5.57 Der Rahmen ist nun zweimal grundiert.

5.58 Auch der Decklack wird in mehreren Durchgängen dünn aufgetragen. Nach der ersten Schicht wird der Rahmen (oder zumindest die sichtbaren Stellen, wenn Zeit gespart werden soll) mit sehr feinem Schleifpapier (Körnung 800 bis 1200) nochmals angeraut. Damit erhält die Farbe nach dem zweiten Auftrag einen tieferen Glanz.

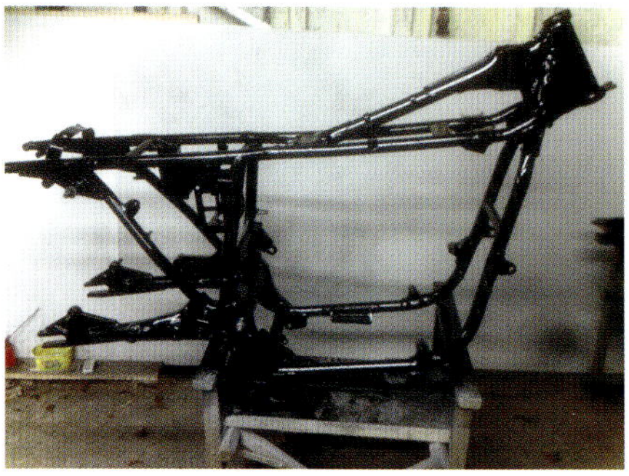

5.59 Alle schwarzen Teile sollten zusammen lackiert werden. Dazu gehören unter anderem die Schwinge und Ständer, Motorhalteplatten, Halterungen für elektrische Komponenten und eventuell auch das Luftfiltergehäuse.

Der Rahmen ist nun fertig und bereit für den Wiederzusammenbau.

Kapitel 6
Reinigen und Aufbereiten

Nachdem der Rahmen nun neu lackiert oder pulverbeschichtet wurde, kann man sich den anderen Motorradteilen widmen. Um am Ende das bestmögliche Ergebnis zu erzielen, muss jedes Bauteil gereinigt und aufbereitet werden. Dabei können sich manche Teile für eine Weiterverwendung als zu verrostet oder beschädigt erweisen, andere erfordern vielleicht ein Neuverchromen.

Im Lauf der Jahre sammelt sich einiges an Schmutz an, daher ist zuerst eine gründliche Reinigung aller Teile erforderlich. Nur dann sind eine genaue Zustandsprüfung und später auch eine einwandfreie Funktion möglich. Zudem erfordert eine eventuell erforderliche Lackierung einen einwandfrei vorbereiteten Untergrund.

SICHERHEITSHINWEISE

Tragen Sie immer eine Schutzausrüstung. Dazu gehören eine Staubschutzmaske, Schutzbrille und Handschuhe.

Halten Sie beim Polieren das Werkstück immer in den Drehbereich der Polierscheibe, der von Ihnen wegläuft.

Tragen Sie ein Haarnetz oder binden Sie langes Haar zusammen, damit es sich nicht in rotierenden Teilen verfangen kann.

Schließen Sie den Bund am Ärmel, binden Sie weite Kleidung zusammen und legen Sie lange Halsketten ab.

Falls sich das Teil in der Polierscheibe verfängt, lassen Sie es los und versuchen Sie nicht, es festzuhalten.

REINIGEN

Der Motor und die Fahrwerksteile können zum Beispiel mit Kaltreiniger gesäubert werden. Kleinere Teile schrubbt man in einer Wanne mit einer kleinen Bürste ab, während größere Teile wie der Rahmen zum Reinigen möglichst einen separaten Platz benötigen. Dazu kann man beispielsweise den Rahmen mit einem Ende in eine alte Kinderbadewanne stellen und mit dem anderen an eine abgedeckte Wand lehnen. So sammelt sich der abgespülte Schmutz und kann einfach entsorgt werden. Beachten Sie die Anwendungshinweise für das Reinigungsmittel, eventuell muss mit Wasser nachgespült werden.

In einigen Fällen lohnt sich aber auch die Anfrage bei einem Motoreninstandsetzungsbetrieb: Hier sind Spezialwaschmaschinen im Einsatz, in denen große Motorenteile effizient und schnell gründlich gesäubert werden können.

In jedem Fall sollte man aber bedenken: Es handelt sich um Metallteile, die schnell zu rosten beginnen können. Darum ist ein schnelles und gründliches Trocknen und ein Korrosionsschutz in Form eines dünnen Sprühölauftrags unbedingt erforderlich.

ULTRASCHALLBAD

In einem Ultraschallbad wird ein Reinigungsmittel (manchmal sogar Leitungswasser) in hochfrequente Schwingungen versetzt, um kleine oder empfindliche Teile zu säubern. Bei vielen Geräten kann die Reinigungsflüssigkeit zudem noch auf bis zu 80 °C erwärmt werden. Die Kombination der hochfrequenten Schwingungen (23.000 Hertz) und der Temperatur erzeugt eine sehr gute Reinigungswirkung. Ursprünglich wurden diese Geräte für die Sterilisierung medizinischer Gerätschaften entwickelt und waren entsprechend teuer, aber mittlerweile sind sie relativ günstig. Ihre Einstufung erfolgt nach der Flüssigkeitsmenge bzw. der Größe des internen Korbs, in den die Teile zur Reinigung hineingelegt werden.

6.1 Ein freistehendes Waschgerät ist eine sehr nützliche Einrichtung, sofern das Budget für Werkzeug ausreichend groß ist.

AUSRÜSTUNG

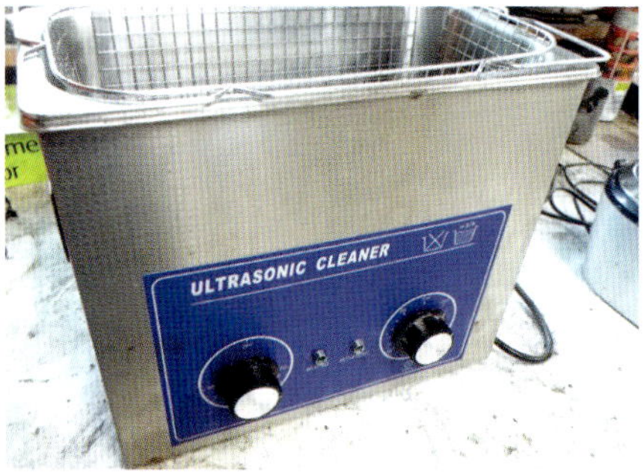

6.2 Für die Vergaserreinigung ist ein Ultraschallbad hervorragend geeignet. Es sollte so groß gewählt werden, dass ein Einzelvergaser einer Mehrfachanlage darin problemlos Platz hat. Diese Investition ist allerdings nur sinnvoll, wenn das Gerät auch regelmäßig verwendet wird. Eventuell kann man es mit Freunden gemeinsam kaufen und nutzen.

6.3 Ein Vergaser vor der Reinigung im Ultraschallbad …

6.4 … und hier derselbe Vergaser nach der Behandlung. Dabei ist nicht nur die Außenseite sauber, sondern was viel wichtiger ist, auch die engen Kanäle im Vergasergehäuse.

6.5 Polierscheiben – auch Schwabbelscheiben genannt – können an diversen Werkzeugmaschinen angebracht werden; am häufigsten werden dazu Schleifböcke verwendet.

6.6 Damit der erforderliche Druck angewendet werden kann, sollte der Schleifbock mit der Werkbank verschraubt sein.

6.7 Eine der Schleifscheiben wurde durch eine Polierscheibenspindel ersetzt. Ihre Kegelspitze hat eine spiralförmige Steigung und erlaubt so ein schnelles Wechseln der Polierscheiben. Darüber hinaus sind auch spezielle Poliermaschinen erhältlich.

6.8 Die Polierscheibe wird auf die Spindel gedreht und durch deren konische Form und die Drehbewegung der Welle fixiert.

6.9 Polierscheibenspindeln sind auch für Stand- und Handbohrmaschinen erhältlich.

POLIERSCHEIBEN UND -PASTEN

Aluminium lässt sich sehr gut polieren und mit der richtigen Ausrüstung und etwas Sorgfalt können auch Laien hervorragende Ergebnisse erzielen.

Bauteile aus Aluminium wie zum Beispiel die Tauchrohre der Teleskopgabel, Motordeckel und Handhebel lassen sich auf Hochglanz polieren. Ein guter Poliersatz ist nicht allzu teuer und besteht aus mehreren Polierscheiben und verschiedenen Polierwachsen für unterschiedliche Glanzstufen. Durch die entstehende Temperatur schmilzt das Wachs und gibt die polierenden Zusätze frei. Falls zu viel Wachs aufgetragen wurde, verbleiben Rückstände auf der Metalloberfläche. Diese wäscht man mit einem sauberen Lappen und etwas Reinigungsbenzin am Ende der Arbeiten ab.

Die Vorgehensweise beim Polieren ist mit der des Schleifens vergleichbar. Man beginnt mit etwas stärker abtragendem Polierwachs und wechselt weiter zu immer feinerem, um die Spuren des vorhergehenden Mittels zu beseitigen. Durch die verschiedenen Abstufungen des Poliermittels und den unterschiedlichen Polierscheiben entsteht am Ende eine hochglänzende Oberfläche.

Polierwachssorten

- Braun – Vorpolitur und Glätten von nicht-eisenhaltigen Materialien
- Blau – Glanzpolitur für nicht-eisenhaltige Materialien
- Schwarz – Vorpolitur und Glätten von Stahl
- Grün – Glanzpolitur für Stahl
- Rosa – Hochglanzpolitur für Chrom und Stahl
- Weiß – Hochglanzpolitur für Edelstahl
- Rot – Politur für weiche Metalle wie Gold und Silber
- Wiener Kalk - Zum Reinigen und Entfernen von Polierresten

Polierscheiben

Diese Scheiben werden mitunter auch als Schwabbelscheiben bezeichnet und gibt es in verschiedenen Ausführungen:

Polierscheiben aus Sisal sind recht hart und daher stark materialabtragend. Sie werden daher zur Vorpolitur verwendet – mit braunem Polierwachs für weiche Metalle wie Aluminium, Bronze und Kupfer und mit schwarzem Polierwachs für harte Metalle wie Stahl oder Edelstahl.

Farbige gesteppte Polierscheiben aus Baumwolle sind vielseitig einsetzbar für allgemeine Polierarbeiten. Auch sie werden mit braunem Polierwachs für weiche Metalle wie Aluminium, Bronze und Kupfer und mit schwarzem Polierwachs für harte Metalle wie Stahl oder Edelstahl verwendet.

Polierscheiben mit lose übereinandergelegten Baumwolllagen sind am weitesten verbreitet und können mit blauem, grünem, rosafarbenem, weißem und rotem Polierwachs eingesetzt werden. Die einzelnen Lagen bestehen aus reiner, weicher Baumwolle ohne zusätzliche harte Materialien. Sie sind ohne Klammern oder Nähte lediglich über Scheiben in der Mitte zusammengehalten und können direkt verwendet werden.

Der Metallabtrag beim Polieren ist gering. Weisen die zu polierenden Teile tiefe Kratzer oder sonstige Schäden an der Oberfläche auf, müssen diese vorher mit einer feinen Feile und Schleifpapier mit grober Körnung beseitigt werden.

Dazu schleift man nach der Bearbeitung des Kratzers mit der Feile zuerst mit 400er Schleifpapier die Feilspuren heraus und glättet anschließend mit Papier der Körnung 600 die Stelle, bis eine glatte und polierfähige Oberfläche entstanden ist. Anschließend wird das Teil

6.10 Tiefe Kratzer müssen vor dem Polieren beseitigt werden. Mit einer feinen Feile, deren Bewegungsrichtung immer wieder leicht geändert wird, kann man sie entfernen, ohne neue tiefe Spuren zu hinterlassen.

6.11 Nach dem Herausfeilen des Kratzers schleift man die Stelle mit Sandpapier der Körnung 400 nach. Ein regelmäßiges Eintauchen des Papiers in eine Seifenlösung hält es sauber und verlängert seine Verwendbarkeit.

gereinigt und entfettet – eine Voraussetzung für alle Polierarbeiten.

Die Polierarbeiten beginnt man mit einer härteren Polierscheibe aus Sisal. Drücken Sie das Vorpolierwachs etwa zwei Sekunden gegen die rotierende Scheibe, damit diese etwas Wachs aufnimmt. Das Werkstück wird nun mit seiner zu polierenden Fläche und etwas Druck an der Scheibe vorbeigeführt.

Die Sisal-Scheibe wird erst dann durch eine weichere Polierscheibe ausgetauscht, wenn alle Kratzer und Macken entfernt sind und eine gleichmäßige matte Oberfläche entstanden ist. Diese Regel muss unbedingt eingehalten werden, um ein gutes Ergebnis zu erzielen.

Mit der weicheren Scheibe und milderem Polierwachs wird das Teil nun erneut poliert. Das Geheimnis des Erfolgs besteht hier in der Geduld. Soll das Teil auf Hochglanz gebracht

6.12 Das zu polierende Teil wird mit mäßigem bis hohem Druck an die Polierscheibe angepresst. Dabei muss man mehrmals die gesamte Fläche bearbeiten, bis das Ergebnis stimmt. Dabei sollte man immer versuchen, den Winkel zur Polierscheibe zu ändern, selbst wenn es sich nur um wenige Grad handelt. Das hängt allerdings von der Form des Bauteils ab und wird nicht immer möglich sein. Sollten Kratzer vorhanden sein, versucht man diese quer und nicht längs zu ihrem Verlauf herauszupolieren.

werden, poliert man es mit dem entsprechenden Wachs erneut, bis sich der gewünschte Glanz einstellt. Mit einem sauberen Tuch und Wiener Kalk werden anschließend Rückstände von der Oberfläche entfernt. Eine Abschlusspolitur mit einem weichen Tuch verleiht dem Teil zum Schluss eine glänzende Oberfläche.

Für schwer zu erreichende Stellen sind auch Polierscheiben mit einem kleineren Durchmesser erhältlich.

Chrompolitur

Verchromte Teile sind immer ein Blickfang bei Motorrädern und es stellt sich ein zufriedenes Gefühl ein, wenn sich nach all den Mühen der Restaurierung ein glänzendes Ergebnis präsentiert – in doppelter Hinsicht! Für kleinere Chromteile bieten viele Hersteller Chrompolitur aus der Tube an. Mit einem sauberen Lappen kann damit das Teil gereinigt und von leichtem Rostansatz befreit werden.

Größere verchromte Teile kann man wie Aluminiumteile auch mit einer Polierscheibe bearbeiten, allerdings sollte gleich eine weiche Scheibe und die Hochglanzpolitur verwendet werden. Auf keinen Fall darf man mit Schleifpapier oder grober Politur arbeiten, weil diese zu aggressiv für die verchromte Oberfläche sind.

6.13 Das bearbeitete Tauchrohr entspricht von der Optik wieder einem neuen Serienteil. Falls eine hochglänzende Oberfläche gewünscht wird, muss weiter poliert werden.

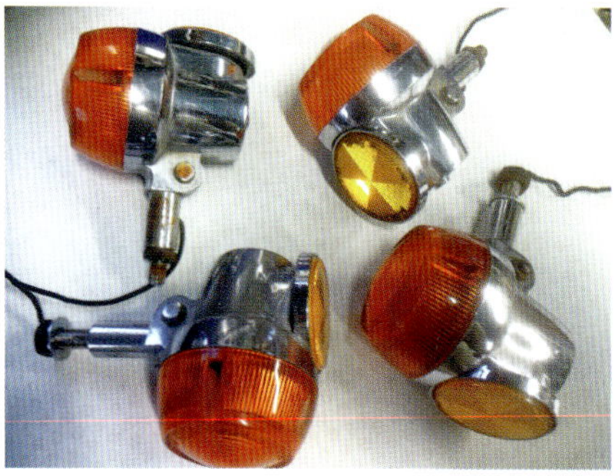

6.14 Auch die Gehäuse dieser Blinker warten auf eine gründliche Politur.

6.15 Leichte Rostansätze wie auf dieser Felge können mit Chrompolitur beseitigt werden.

ROSTENTFERNUNG

An Ihrem Restaurierungsobjekt werden Sie mit Sicherheit Teile vorfinden, die sich in unterschiedlichen Roststadien befinden. Einige werden total verrostet und unbrauchbar sein, andere erfordern zwar etwas Arbeit, können aber weiter verwendet werden.

6.16 Ein gutes Beispiel für intensive Polierarbeiten an einem klassischen Motorrad: Dieses Exemplar ist immerhin fast 40 Jahre alt!

Die angebotenen Rostentferner bzw. Rostumwandler entfernen nicht nur leichten Oberflächenrost, sondern können auch starken Rostbefall komplett beseitigen.

Leicht verrostete Kleinteile können alternativ mit einer schwachen Säure, wie zum Beispiel Essig, Zitronensaft oder sogar Cola behandelt werden. Am einfachsten taucht man das Teil über Nacht in die Flüssigkeit; hier gilt: je länger, umso besser.

Größere und stärker betroffene Teile legt man in eine passende Wanne.

Dafür ist eine alte Babybadewanne bestens geeignet, da darin die meisten Motorradteile Platz finden. Vor dem Entrosten müssen die Teile gründlich mit Kaltreiniger und einer Bürste von Fett und Schmutz befreit werden. Beachten Sie bei der Anwendung die Hinweise des Herstellers.

Manche Rostentferner bzw. -umwandler sind konzentriert und können bzw. müssen für die Anwendung verdünnt werden. Die meisten wirken am besten bei Raumtemperatur und die Teile können darin über Nacht eingeweicht werden. Folgen Sie auch hier unbedingt den Verarbeitungshinweisen des jeweiligen Herstellers. Nach der Anwendung können Sie entscheiden, wie die Teile weiter behandelt werden sollen.

Die mit Rostentferner behandelten Teile müssen danach unbedingt leicht eingeölt (z. B. mit Multifunktionsspray) werden, weil sie ansonsten sofort wieder zu rosten beginnen.

Hartnäckiger Rost oder Farbe sind ein Fall für das Strahlen. Diese Methode wird meist noch als Sandstrahlen bezeichnet, obwohl mittlerweile nur noch in seltenen Fällen dafür Sand verwendet wird.

Für dieses Behandlungsverfahren gibt es Kabinen in verschiedenen Größen, in denen mittels Druckluft das in verschiedenen Ausführungen erhältliche Strahlmaterial auf das zu reinigende Teil aufgeblasen wird und dadurch

6.17 Nachdem der Rost beseitigt ist, können viele Teile – so wie diese Schrauben mit dem Suzuki-„S" – mittels der Polierscheibe aufgearbeitet und wiederverwendet werden.

6.19 Eine Strahlkabine eröffnet zusätzliche Möglichkeiten. Im Innern befindet sich eine Sandstrahlpistole, die an einen Kompressor angeschlossen wird. Das in verschiedenen Materialien und Größen erhältliche Strahlmittel befindet sich ebenfalls in der Kabine und wird ständig wieder verwendet. Da es sich hier um einen trockenen Vorgang handelt, muss das zu reinigende Bauteil frei von Ölen und Fetten sein, da ansonsten das Strahlmittel schnell unbrauchbar wird.

6.18 Die rechte Fußraste wurde 10 Minuten mit Rostentferner behandelt. Danach sind ein unverzügliches Abspülen des Mittels und ein leichtes Einölen erforderlich, um eine neue Rostbildung zu vermeiden.

6.20 Vor dem Zusammenbau müssen die Ölkohleablagerungen im Auslasskanal dieses Zylinders entfernt werden.

6.21 Der hier gezeigte Auslasskanal ist derselbe wie in Abbildung 6.20, allerdings nach der Strahlbehandlung. Nur wenige Minuten in der Strahlkabine und die Verwendung des richtigen Strahlguts haben dafür gesorgt, dass die Ölkohleablagerungen vollständig entfernt werden konnten. Diese Behandlungsmethode eignet sich für viele Teile, die im Rahmen einer Restaurierung wiederverwendet werden sollen.

alle Rückstände auf der Metalloberfläche entfernt werden.

Auf diese Weise können auch Motorgehäuse, Zylinderköpfe und Zylinder gereinigt werden.

Mit Strahlen lassen sich verkrusteter Schmutz und Rost sehr effektiv beseitigen, allerdings sollten Bauteile aus Aluminium oder mit empfindlichen Oberflächen vorsichtig bearbeitet werden. Entscheidend für die Wirkung sind der eingestellte Druck und das verwendete Strahlmittel. Holen Sie sich ein Angebot für eine Strahlbehandlung Ihrer Motorradteile ein und vergleichen sie es mit dem Preis für eine einfache Strahlkabine. Es kann sein, dass sich der Anschaffungspreis schon nach zwei Restaurierungsprojekten amortisiert hat.

Zum Strahlen eines Motorradseitenständers aus Stahl eignet sich ein grobes Strahlmittel wie Korund, für einen Zylinder (Abbildung 6.20 und 6.21) muss wesentlich weicheres Mittel wie z. B. Walnussschalen verwendet werden, um das Teil nicht zu beschädigen.

Hinweis: Nach dem Strahlen muss das Bauteil sehr sorgfältig von jeglichen Strahlmittelresten gereinigt werden. Strahlgutrückstände in Motorgehäusen o. ä. können verheerende Folgen haben.

SELBER VERCHROMEN

An klassischen Motorrädern sind noch viele sichtbare Chromteile vorhanden. Der Chromüberzug lässt die Teile glänzen und schützt das darunterliegende Material. Ein hochglanzpoliertes Motorrad ist der ganze Stolz des Besitzers, der wiederum Stunden damit verbringt, es in diesen Zustand zu versetzen und auch zu bewahren! Leider greifen der Straßenschmutz und das Streusalz im Lauf der Jahre die Chromschicht an und es entsteht Rost.

Jetzt gibt es verschiedene Vorgehensweisen: Entweder versucht man, die betroffenen Bauteile mit Chrompolitur wieder aufzubereiten oder ersetzt sie durch ein besser erhaltenes Gebrauchtteil.

Eine andere Option ist das Neu-Verchromen. Dafür gibt es zahlreiche Anbieter und die Ergebnisse können so gut sein, dass die Teile wie neu aussehen. Das ist mit Sicherheit die beste Lösung, allerdings nicht die billigste.

Dann gibt es noch die Möglichkeit, die Teile selbst zu verchromen. Für diesen Zweck werden mittlerweile komplette Sätze zum Selbst-Verchromen angeboten, deren Anwendung mit etwas Übung und Geduld zu brauchbaren Ergebnissen führt. Diese Methode ist in erster Linie für die Kleinteile eines Motorrads geeignet: die Halter, Muttern und Schrauben, die zum Gesamterscheinungsbild des Motorrads beitragen. Beispiele dafür sind die Lenkerklemmschrauben oder die vorderen und hinteren Schutzblechschrauben, die immer direkt in der Ansicht und daher verchromt sind. Natürlich kann man diese Schrauben auch ersetzen, aber bei vielen Herstellern sind sie besonders ausgeführt oder mit einem speziellen Schriftzug versehen. Suzuki verwendet Schrauben mit einem kleinen „S" auf dem Kopf und aus Originalitätsgründen sollte man sie in der gleichen Ausführung wieder verwenden. Ersatz aufzutreiben kann schwierig sein, deshalb ist ihre Aufarbeitung die bessere Lösung. Für den normalen Hobby-Schrauber liefern diese Sätze zum Verchromen in Eigenregie ein akzeptables Ergebnis, sie sind nicht allzu teuer und einfach anzuwenden. Als Spannungsquelle reicht ein kleines Netzteil. Auch der Platzbedarf ist gering und – sehr zur Freude der Anwender – auf lange Sicht kann man damit auch Geld sparen. Der Prozess erfordert den Umgang mit Chemikalien, aber bei Befolgung der mitgelieferten Sicherheitshinweise kann hier nichts schiefgehen. Auf der Internetseite des Anbieters wird die Vorgehensweise in der Regel erklärt und es ist sinnvoll, sich diese vorher anzusehen und dann zu entscheiden, ob man sich darauf einlässt.

Kapitel 7
Der Motor

In der Motorradwelt gibt es eine fast unüberschaubare Vielfalt verschiedenster Motorkonstruktionen – und jede hat ihre eigenen Vor- und Nachteile.

Abgesehen von der Zylinderzahl können die Motorradmotoren allgemein in zwei Kategorien eingeteilt werden: Zweitaktmotoren und Viertaktmotoren. Darüber hinaus gibt es noch Motorräder mit Wankelmotoren, die aber sehr selten sind. Daher wird es eher unwahrscheinlich sein, dass Sie mit so einem Motorrad jemals in Berührung kommen werden.

Das japanische Unternehmen Honda begann Anfang der 50er Jahre mit dem Export seiner Motorräder und ist von 1959 an bis heute der weltgrößte Motorradhersteller. Honda hat im Prinzip jedes erdenkliche Motorenkonzept umgesetzt, getestet und – wenn für gut befunden – in Serie gebaut und zählt zu den führenden Unternehmen in der Motorradentwicklung. Dabei flossen über die Jahre viele Erkenntnisse aus dem Rennsport in die Technik der Straßenmotorräder ein.

7.1 Die Honda CB 750 F hat einen Vierzylinder-Viertakt-Reihenmotor mit einer obenliegenden Nockenwelle (SOHC), vier Vergaser und eine 4-in-4-Auspuffanlage. Sie wurde 1969 vorgestellt und gilt als Meilenstein in der Motorradgeschichte. Sehr häufig wird sie auch als das „erste Superbike“ bezeichnet. Die erste Vierzylinder-Generation von Honda umfasste viele verschiedene Modelle, deren Motoren jedoch ähnlich aufgebaut waren. Die Angebotspalette reichte von der CB 350 F über die CB 400 F, CB 500 F, CB 550 F, CB 650 F bis hin zur erwähnten CB 750 F. Danach führte Honda Vierzylinder-Reihenmotoren mit zwei obenliegenden Nockenwellen (DOHC) ein und baute schließlich auch diese Motoren mit Flüssigkeitskühlung.

7.2 Die legendäre Honda CBX 1000 hat einen luftgekühlten Sechszylinder-Reihenmotor mit zwei obenliegenden Nockenwellen. Das einzigartige Motorrad hat sechs Vergaser und eine 6-in-2-Auspuffanlage. Mit diesem Motor demonstrierte das Unternehmen Honda eindrucksvoll seine technischen Möglichkeiten. In den 60er Jahren setzte Honda sehr erfolgreich eine Rennmaschine mit sechs Zylindern in der 250-cm³-Klasse ein.

7.3 Die größten Verkaufserfolge bescherten Honda jedoch die Modelle der kleinen Hubraumklassen. Ein Einzylinder-Viertaktmotor mit einem Vergaser und einem zierlichen Auspuffsystem diente über 50 Jahre als Antriebsquelle für eine nahezu unüberschaubare Auswahl an unterschiedlichen Modellen, hier durch das Modell ST 70 vertreten. Einzylinder-Motoren sind allgemein weit verbreitet und können einen Hubraum bis 800 cm³ haben.

7.6 Diese Suzuki GT 750 hat ebenfalls einen Dreizylinder-Zweitaktmotor und war das erste wassergekühlte japanische Motorrad. Der Motor hat drei Vergaser und eine interessante 3-in-4-Auspuffanlage. Daneben gab es noch zwei kleinere Modelle – die GT 380 und die GT 550 –, die jedoch beide luftgekühlt waren.

7.7 Die Yamaha XS 650 ist beispielhaft für ein Motorrad mit einem luftgekühlten Zweizylinder-Viertaktreihenmotor. Auch hier sind ein Vergaser pro Zylinder und eine 2-in-2-Auspuffanlage vorhanden. Dieses klassische Motorkonzept ist sehr weit verbreitet.

7.4 Ein luftgekühlter Vierzylinder-Reihenmotor mit zwei obenliegenden Nockenwellen, vier Vergasern und einer 4-in-4-Auspuffanlage: Dieses Motorrad ist sehr selten. Es sieht aus wie eine Kawasaki Z900, die in so einem Zustand schon eine Rarität ist. Hier handelt es sich jedoch um die 750-cm³-Version, die nur in Japan verkauft wurde.

7.8 Die Yamaha RD 350 ist ein gutes Beispiel für einen typischen Zweizylinder-Zweitaktreihenmotor mit zwei Vergasern und zwei Schalldämpfern. Dieses Motorenkonzept hatte ein sehr gutes Leistungsgewicht und war kostengünstig zu produzieren – daher hatten viele Hersteller Motoren dieser Bauart im Programm.

7.5 Ein weiteres Kawasaki-Motorrad ist die H2, die einen Dreizylinder-Zweitaktmotor mit 750 cm³ sowie drei Vergaser und eine 3-in-3-Auspuffanlage hat. Mit einer Leistung von ca. 75 PS waren diese Motorräder durchaus höchst interessant zu fahren und mussten mit Respekt bewegt werden. Kawasaki bot diese Motoren mit Hubräumen von 250 cm³, 500 cm³ und 750 cm³ an.

7.9 Ein interessanter Umbau eines BMW-Motorrads mit dem typischen Boxermotor. Auch dieser Motor hat zwei Vergaser und eine 2-in-2-Auspuffanlage. Er hat den Ruf, sehr zuverlässig zu sein, allerdings arbeitet das Getriebe recht geräuschvoll.

7.10 Ein großartiges Beispiel für ein wunderbares Triebwerklayout ist der 4-Takt-V-Zweizylindermotor mit zwei Vergasern und einer 2-in-2-Auspuffanlage in dieser Moto Guzzi Le Mans. Eine weitere technische Besonderheit ist die Kraftübertragung mittels einer Kardanwelle anstelle eines herkömmlichen Kettenantriebs.

VOR DER ARBEIT

Der zweite Teil dieses Kapitels soll Ihnen ein Grundwissen über den Motor vermitteln, mit welchen Überraschungen Sie beim Zerlegen rechnen müssen und auf was Sie beim Zusammenbauen achten sollten.

Dieses Kapitel ist kein Werkstatthandbuch für eine Motorüberholung. Dafür gibt es ein breites Angebot an modellspezifischen Reparaturanleitungen, die jeden Schritt ausführlich beschreiben. Mit diesen Informationen und den richtigen Werkzeugen können auch Restaurierungsanfänger viele Arbeiten selbst vornehmen.

Zwar gibt es einige anspruchsvollere Arbeiten, die von einer Fachwerkstatt ausgeführt werden müssen, aber Vieles lässt sich in Eigenregie durchführen. Sie können eine nicht unerhebliche Summe sparen, wenn Sie sich dafür entscheiden, den Motor selbst zu überholen oder zumindest Teilarbeiten am Triebwerk selbst zu erledigen. Das Gefühl, dass sich beim Anlassen eines selbst reparierten Motors einstellt, ist einfach großartig. Und wenn Sie einmal die Schwierigkeiten gemeistert haben, die bei einer Restaurierung entstehen können, besitzen Sie auch das Wissen für die Lösung von später auftretenden Problemen.

Nachdem der Motor von außen gereinigt und sicher auf einer Werkbank abgestellt wurde, kann man mit einer intensiven Sichtprüfung beginnen. Sind irgendwelche Schäden oder Undichtigkeiten erkennbar? Sind Schrauben oder Muttern abgerissen oder Gewinde defekt? Fast immer wird das der Fall sein und man sollte die Beschädigungen für eine spätere Reparatur dokumentieren, falls sie nicht gleich instandgesetzt werden können.

WAS IST ERFORDERLICH?

An allen Motoren gibt es bestimmte Teile, die im Zuge einer Restaurierung ausgetauscht werden müssen. Einige davon sind reguläre Verschleißteile, andere wechselt man aus praktischen Gründen.

1. Dichtungssatz

Selbst wenn der Motor nicht komplett zerlegt wird, sollte man einen kompletten Dichtungssatz kaufen. Die vorerst nicht benötigten Dichtungen können vielleicht später nützlich sein und der komplette Satz ist meistens günstiger als die einzelnen Dichtungen. Es kann allerdings vorkommen, dass manche Dichtungen nicht im Reparatursatz enthalten sind. Das muss man überprüfen und diese gegebenenfalls nachkaufen oder selbst anfertigen.

2. Neues Öl

Das Öl sollte von der Viskosität und der Spezifikation den Herstellervorgaben entsprechen. Falls der Motor einen Ölfilter hat, muss auch dieser ersetzt werden.

3. Zündkerzen und Luftfilter

4. Kupplungsscheiben

Hierbei handelt es sich um Verschleißteile, die sich im normalen Betrieb abnutzen. Kupplungsscheiben sind in der Regel nicht übermäßig teuer, einfach zu beschaffen und lassen sich problemlos austauschen.

Viele Vorgehensweisen sind auch bei unterschiedlichen Motoren gleich. Wenn Sie die folgenden Arbeiten durchführen, sollten Sie zusätzlich das modellspezifische Werkstatthandbuch Ihres Motorrads zu Rate ziehen.

ÜBERPRÜFUNG VON AUSSEN

Eine äußerliche Sichtprüfung kann man bereits durchführen, wenn der Motor noch im Rahmen eingebaut ist.

7.11 Kühlrippen
Eine abgebrochene Kühlrippe stört in erster Linie nur die Optik und hat keine Auswirkung auf die Kühlung. Fehlen jedoch gleich mehrere Kühlrippen, kann die Kühlungswirkung beeinträchtigt sein. In jedem Fall wird dadurch der Wiederverkaufswert des Motorrads verringert.

7.12 Schraubenköpfe und Gewinde
Sehr häufig sind die Köpfe von Kreuzschlitzschrauben beschädigt. Ein Grund dafür sind schlecht passende Schraubendreher. Defekte Gewinde lassen sich reparieren (siehe Kapitel 2). Auch die Zündkerzengewinde müssen unbedingt überprüft werden. Eine erforderliche Instandsetzung ist ein klarer Fall für die Fachwerkstatt. Eine Reparatur ist zwar häufig möglich, aber meist mit höheren Kosten verbunden.

7.13 Kickstarter- und Schaltwelle
Die Keilverzahnung der Kickstarter- und Schaltwelle muss in einem guten Zustand sein. Häufig ist sie durch nicht korrekt angezogene Kickstarter- bzw. Schalthebel ausgeschlagen. Das bedeutet in der Regel einen Austausch, da eine dauerhafte Instandsetzung nur sehr schwer möglich ist.

7.14 Motordeckel und Kurbelgehäuse
Risse im Motorgehäuse und Ölverluste sind häufiger bei Motorrädern vorhanden, die unter harten Einsatzbedingungen gefahren worden sind, wie z. B. Geländemaschinen. Kleine Beschädigungen können repariert werden – allerdings nicht so behelfsmäßig wie auf dem Bild zu sehen ist …

ÜBERPRÜFUNGEN BEI ABGENOMMENEN MOTORGEHÄUSEDECKELN

Nach dem Abbauen der seitlichen Motorgehäusedeckel erhält man Zugang zu Baugruppen wie der Kupplung oder dem Kickstartermechanismus. Vor der Deckeldemontage sollte allerdings das Motoröl in eine ausreichend große Wanne abgelassen werden.

Das Aussehen des Öls und sein Geruch geben Aufschluss über den Zustand des Motors. Milchig-weiße Rückstände deuten auf Wassereintritt hin, Brandgeruch lässt auf eine defekte Kupplung schließen, dünnes Öl mit Kraftstoffgeruch kann durch überlaufende Vergaser oder exzessives Fahren mit Choke zurückzuführen sein. Gute Motorenöle färben sich schon nach kurzer Zeit schwarz, weil sie die Rückstände im Motor aufnehmen und so Ablagerungen verhindern.

7.17 Falls bei einem flüssigkeitsgekühlten Motor das Öl milchig erscheint wie links abgebildet, ist Kühlwasser in den Motor eingedrungen. Ursachen dafür können eine defekte Zylinderkopfdichtung oder fehlerhafte Abdichtung der Kühlmittelpumpe sein. Vor dem Wiederzusammenbau muss die Ursache gefunden werden.

7.15 Unter dem Kupplungsdeckel lauerte bei dieser Maschine eine böse Überraschung ...

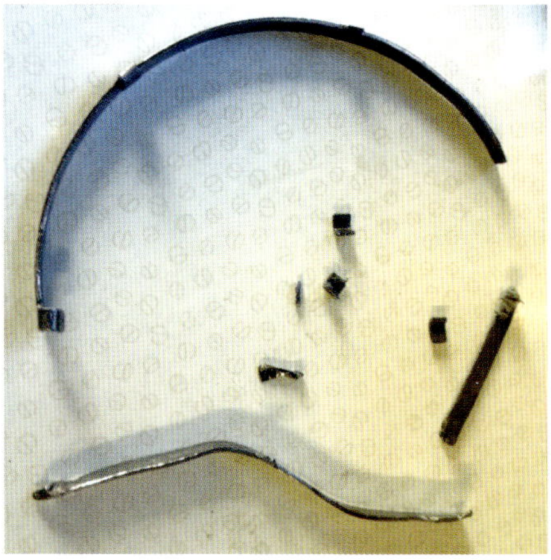

7.18 Nach dem Abnehmen des Kupplungsdeckels fanden sich Bruchstücke des Kupplungskorbs im Gehäuse.

7.19 Unter dem Kupplungsdeckel sollte es normalerweise relativ sauber sein, so wie hier im Bild zu sehen. Alle Teile sind mit einem dünnen Ölfilm überzogen und scheinen in Ordnung zu sein. Achten Sie auf Bruchstücke oder sichtbare Schäden an Bauteilen. Alle Schrauben und Muttern im Motorinnern sollten in einem guten Zustand sein, defekte Teile müssen erneuert werden. Falls die Kupplungsscheiben verschlissen sind oder andere Defekte aufweisen, werden auch sie ersetzt.

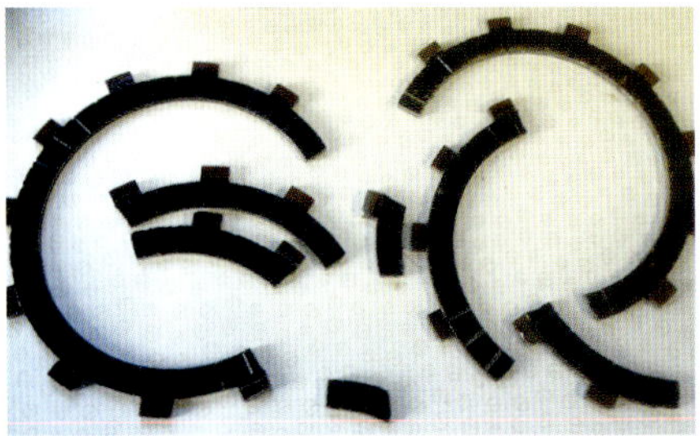

7.16 Beim Zerlegen der Kupplung kamen zerbrochene Kupplungsscheiben zum Vorschein. Einige kleinere Stücke lagen bereits im Kupplungsgehäuse.

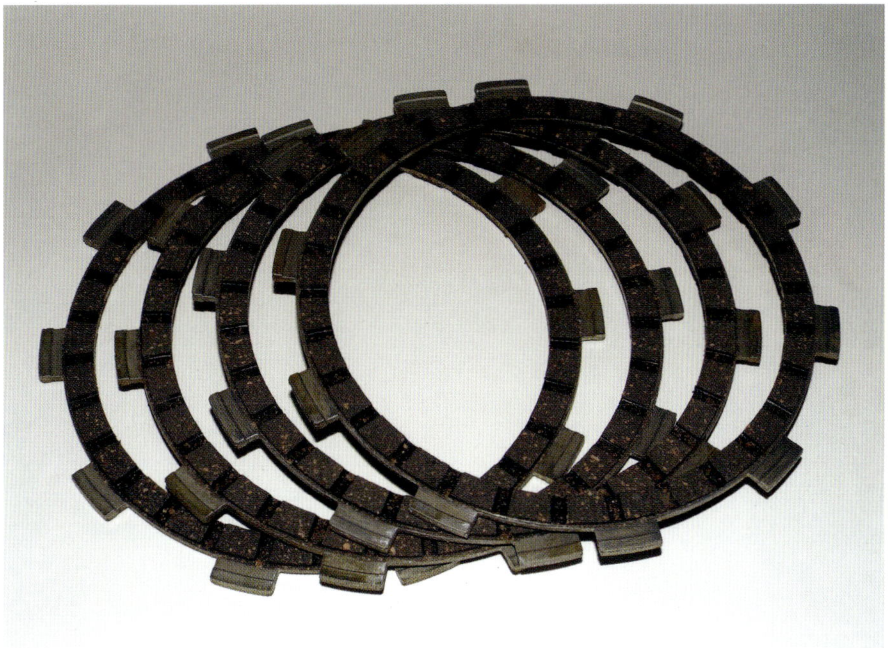

7.20 Der Kupplungsscheibenwechsel ist eine einfache Arbeit und ein neuer Scheibensatz auch relativ günstig. Daher ist ein Austausch immer empfehlenswert.

7.21 Sollte immer Bestandteil eine Komplettrestaurierung sein: Der Kupplungskorb mit einem neuen Kupplungsscheibensatz.

7.22 Als nächstes wird ein Motordeckel entfernt, der den Zugang zur Kurbelwelle ermöglicht. Das ist meistens der Lichtmaschinen- oder Zündungsdeckel. So kann das Spiel der Kurbelwelle geprüft werden. Es sollte kein Seiten- oder Höhenspiel vorhanden sein – falls doch, sind die Kurbelwellenlager schadhaft. Defekte Lager müssen ersetzt werden, was eine komplette Zerlegung des Motors erfordert. Das Nacharbeiten von Kurbelwelle oder Gehäuse sollte einem Fachmann überlassen werden. Am Ende des Kapitels finden Sie dazu noch weitere Informationen.

ZWEITAKTMOTOREN

Ein Zweitaktmotor ist wesentlich einfacher aufgebaut als ein Viertaktmotor, da der Kolben den Gaswechsel steuert. Daher sind keine Ventile im Zylinderkopf und auch kein Ventiltrieb (Steuerkette, Nockenwelle, Stößel usw.) vorhanden. Damit entfällt auch das Einstellen der Steuerzeiten und des Ventilspiels.

Zweitaktmotoren sind deutlich drehfreudiger als die zur gleichen Zeit gebauten Viertaktmotoren. Da sie auch leichter sind, haben sie ein besseres Leistungsgewicht. Der Drehzahlbereich, in dem ein Zweitaktmotor verwertbare Leistung liefert, ist etwas schmaler und liegt höher als bei einem Viertaktmotor, der etwas langsamer hochdreht, aber dafür ein breiteres nutzbares Drehzahlband hat und schon bei niedrigen Drehzahlen ein relativ hohes Drehmoment erzeugt. Die heutigen Viertaktmotoren erreichen allerdings wesentlich höhere Drehzahlen als vor 40 Jahren.

Motorräder mit Zweitaktmotor gelten allgemein als „durstiger" (höherer Kraftstoffverbrauch) gegenüber Viertaktmotorrädern gleichen Hubraums.

Alle Zweitaktmotoren werden mit einem Gemisch aus Kraftstoff und Zweitaktöl betrieben. Bei älteren Motorrädern wurde das Öl mit dem Kraftstoff in einer Kanne vorgemischt und dann in den Tank eingefüllt (Mischungsschmierung). Später waren die Motorräder mit einem

7.23 An diesem Schnittmodell eines Zweizylinder-Zweitaktmotors von Yamaha kann man sehr gut den Einlasskanal, den Kolben, den Auslasskanal und die Kupplung erkennen.

Öltank und einer Ölpumpe ausgerüstet und das Öl wurde drehzahl- und lastabhängig dem Kraftstoff beigemischt. Yamaha nannte das als Getrenntschmierung bezeichnete System „Autolube", Suzuki verwendete den Begriff „CCI".

Diese Systeme senkten den Ölverbrauch und waren für den Fahrer bequemer. Zur Ölstandkontrolle war entweder ein Schauglas oder eine Kontrollleuchte vorhanden, manchmal sogar beides.

Der größte Nachteil von Zweitaktmotoren ist das Verbrennen des Schmieröls. Es wird zur Motorschmierung dem Kraftstoff beigemischt und mit diesem verbrannt, weshalb alle Zweitaktmotoren eine mehr oder weniger ausgeprägte hellblaue Abgasfahne hinter sich herziehen.

Diese Erscheinung führte in Verbindung mit dem konstruktiv bedingten hohen Schadstoffausstoß zum Verschwinden des Zweitaktmotors als Motorradantriebsquelle.

7.24 Hinter dem Seitendeckel dieser Suzuki befindet sich der Vorratstank für das Zweitaktöl. Durch die Öffnung kann über das Schauglas der Ölstand kontrolliert werden.

7.25 Sichere Erkenntnisse über den Motorzustand vermittelt der Kompressionsdrucktest. Dieser Test kann sowohl bei Viertakt- als auch bei Zweitakttriebwerken durchgeführt werden. Ein allgemein zu geringer oder bei Mehrzylindermotoren in einem Zylinder stark abweichender Kompressionsdruck kann auf Verschleiß des Kolbens bzw. Zylinders, der Kolbenringe oder auch auf eine defekte Zylinderkopfdichtung zurückzuführen sein (Anm.: Übrigens können so beim Viertakter auch verbogene Ventile diagnostiziert werden). Bei Unregelmäßigkeiten im Kompressionsbild ist anschließend immer eine genauere Überprüfung erforderlich. Die vorgeschriebenen Kompressionsdruckwerte stehen im Werkstatthandbuch.

Zweitaktmotoren kommen im Zweiradbereich – wenn überhaupt – nur noch vereinzelt in sehr kleinen Hubraumklassen zum Einsatz. Allgemein betrachtet erfordern Zweitaktmotoren weniger Wartungsarbeiten.

Falls der Kompressionsdruck zu niedrig ist, nimmt man den Zylinderkopf ab, um die Ursache festzustellen.

Der Zylinderkopf von luftgekühlten Zweitaktmotoren lässt sich schnell abnehmen und – mit einer neuen Dichtung versehen – auch in kurzer Zeit wieder montieren.

Bei abgenommenem Zylinderkopf können die Zylinderlaufbahn, der Kolbenboden und der

7.26 An diesem Dreizylinder-Zweitaktmotor einer Suzuki GT 750 sind der Zylinderblock und der Zylinderkopf gemeinsam über lange Stehbolzen befestigt; die dazugehörigen Muttern wurden bereits abgenommen. Der Zylinderkopf eines Zweitaktmotors hat im Vergleich zu dem eines Viertaktmotors mit dem darin befindlichen Ventiltrieb eine relativ geringe Bauhöhe.

Brennraum genauer untersucht werden und man erhält einen besseren Eindruck über den Zustand des Motors. Die Zylinderkopfmuttern bzw. -schrauben müssen in einer bestimmten Reihenfolge gelöst und auch wieder festgezogen werden, was im Werkstatthandbuch

7.27 Saubere Sache: Der Zylinderkopf der Suzuki GT 750 mit bereits gereinigten Brennräumen.

angegeben ist. Das Festziehen muss mit einem bestimmten Drehmomentwert erfolgen, der ebenfalls im Werkstatthandbuch angegeben ist. Für diese Arbeit ist ein Drehmomentschlüssel erforderlich.

Bei abgenommenem Zylinderkopf kann der Brennraum einfach von Verbrennungsrückständen befreit werden. Mit einem stumpfen Schaber lässt sich die Ölkohle abkratzen, ein vorheriges Einweichen mit einem Lösemittel erleichtert die Arbeit. Gehen Sie vorsichtig

7.28 Nach Abnehmen des Zylinderkopfs kann eine Sichtprüfung der Zylinderbohrungen vorgenommen werden. Gut sichtbar sind die Kühlmittelkanäle im Zylinderblock des flüssigkeitsgekühlten Motors.

vor, damit Sie dabei den Brennraum und die Dichtfläche nicht verkratzen.

Passen Sie auf, dass Ihnen nichts in die offene Zylinderbohrung hineinfällt. Am besten deckt man die Bohrung mit einem sauberen Lappen ab und nimmt diesen nur weg, wenn man unmittelbar an dem Zylinder arbeitet. Denn wenn etwas über diesen Weg in den Motor gelangt, findet es mit Sicherheit den Weg über die Zylinderkanäle ins Kurbelgehäuse. Das Entfernen der Fremdkörper erfordert in der Regel eine komplette Zerlegung des Motors.

Bei abgenommenem Zylinderkopf können Sie eine Sichtprüfung der Zylinderlaufbahn auf Riefen und Verschleiß vornehmen.

Außerdem lässt sich anhand der Farbe des Kolbenbodens erkennen, ob der Motor zu fett oder zu mager läuft. Normalerweise hat er eine

7.29 Vor Abnehmen des Zylinderblocks kontrollieren, ob noch Ölleitungen oder Kühlmittelrohre angeschraubt sind und diese gegebenenfalls entfernen.

bräunliche Färbung; ist er dunkel bis schwarz, so war der Motor zu fett abgestimmt; eine hellgraue bis weiße Farbe deutet auf einen zu mageren Betrieb hin. Zweitaktmotoren neigen bei zu magerer Einstellung schnell zu Kolbenklemmern oder Kolbenfressern, daher ist es sehr wichtig die Düsengröße bzw. Kraftstoffzufuhr zu prüfen und gegebenenfalls zu korrigieren.

7.30 Sobald genug Platz ist und spätestens, wenn der Zylinder vollständig abgenommen ist, muss das Kurbelgehäuse mit Lappen abgedeckt werden, damit nichts hineinfällt. Jetzt kann der Kolben und das Kolbenlaufspiel gemessen sowie der Zustand der Kolbenringe geprüft werden. Außerdem kontrolliert man das Spiel des oberen und unteren Pleuellagers. Sie dürfen kein Höhenspiel aufweisen, ansonsten müssen sie ersetzt werden.

Anschließend nimmt man den oder die Zylinder ab. Sollte der Zustand der Zylinderlaufbahn unbedenklich erscheinen, kann man sich diese Arbeit selbstverständlich sparen. Ansonsten müssen zuerst die Auspuffanlage und die Vergaser entfernt werden.

Ziehen Sie langsam den Zylinder nach oben ab. Manchmal geht das recht einfach, in anderen Fällen ist handfeste Überzeugungsarbeit erforderlich: Festsitzende Zylinder kann man mit leichten Schlägen mit einem Kunststoffhammer lösen. Gehen Sie dabei vorsichtig vor, damit Sie keine Kühlrippen abbrechen.

Ursächlich für einen festsitzenden Zylinder können die Fußdichtung, aber auch Korrosion zwischen Zylinder und Stehbolzen oder Passhülsen sein.

7.31 Verschlissene Kolbenringe müssen ersetzt werden. Achten Sie auf den kleinen Sicherungsstift in der Kolbenringnut, der in den Kolbenringstoß hineinragt und so den Ring am Drehen hindert.

7.32 Auf dem Kolbenboden ist in der Regel eine Markierung vorhanden – hier ein Pfeil – die auf die richtige Einbaulage hinweist. Der Ölkohleansatz sollte vor dem Wiedereinbau entfernt werden.

7.33 Vorbereitungen für die Zylindermontage: drei neue Kolben sowie eine neue Fußdichtung.

Sobald sich der Zylinder bewegt, muss – wie bereits erwähnt – unbedingt darauf geachtet werden, dass nichts in das Kurbelgehäuse hineinfällt. Arbeiten Sie langsam und vorsichtig und decken Sie sobald es der Platz zulässt die Kurbelgehäuseöffnung mit einem Lappen ab, bevor Sie den Zylinder weiter anheben. Je nach Motorbauart können Einzelzylinder oder ein Zylinderblock mit mehreren Zylinderbohrungen vorhanden sein. Denken Sie beim Abnehmen der Zylinder von Mehrzylindermotoren daran, dass sich die Kolben in unterschiedlichen Stellungen befinden.

Beim Abnehmen des Zylinders muss daher – am besten durch einen Helfer – der jeweils austretende Kolben abgestützt werden, damit er nicht hart gegen einen Zylinderstehbolzen oder das Kurbelgehäuse schlägt und dabei beschädigt wird.

Sollten keine Riefen oder Fressspuren in der Zylinderlaufbahn bzw. am Kolben oder sonstige Schäden erkennbar sein und das Kolbenlaufspiel liegt innerhalb der Toleranz (zum Vermessen kann man die Teile auch in eine Fachwerkstatt bringen), spricht nichts gegen eine Weiterverwendung des Kolbens.

Sind allerdings Schäden erkennbar oder die Verschleißgrenzen von Kolben und Zylinder überschritten, muss der Zylinder aufgebohrt und ein Übermaßkolben eingebaut werden. Für diese Arbeit wendet man sich an einen Motoreninstandsetzungsbetrieb. Üblicherweise tauscht man gemeinsam mit dem Kolben auch das obere Pleuellager aus.

Achtung: Zur Montage der Ringe eine Kolbenringzange verwenden! Achten Sie auf die richtige Einbaulage der Kolbenringe. Eine eventuell vorhandene Beschriftung muss nach oben zeigen. Außerdem ist ein kleiner Stift in der Kolbenringnut vorhanden, der das Verdrehen des Rings verhindern soll. Der Kolbenringstoß muss an diesem Stift zu liegen kommen. Ist das nicht der Fall, lässt sich der Kolbenring nicht weit genug zusammendrücken und bricht beim Einbauversuch.

Vor der Montage des Zylinders wird die Dichtfläche sorgfältig gereinigt und eine neue Zylinderfußdichtung aufgelegt. Vergessen Sie nicht, eventuell vorhandene Passhülsen zu montieren.

Zum Einführen des Kolbens in den Zylinder müssen die Kolbenringe zusammengedrückt werden. Dafür gibt es spezielle Werkzeuge (Kolbenringspannband), in den meisten Fällen ist es aber praktikabel, die Kolbenringe mit den Fingern zusammenzudrücken, während der Zylinder vorsichtig abgesenkt wird. Etwas fummeliger wird das allerdings bei einem Zylinderblock mit mehreren Zylindern. Hier sollte man unbedingt zu zweit arbeiten, damit kein Kolbenring bricht.

Zuvor wird auf die Zylinderlaufbahn etwas Zweitaktöl aufgetragen, damit der Kolben besser gleitet und eine gute Anfangsschmierung hat. Er muss sich relativ leicht hineinschieben lassen. **Achtung:** Wenden Sie dabei auf keinen Fall Gewalt an! Auf den ersten Millimetern neigt der Kolben zu kippen und verklemmt sich daher im Zylinder. Durch genaues Beobachten der

7.34 Ein kleiner Vierzylinder-Viertaktreihenmotor von Honda: Die Bauhöhe des Zylinderkopfs ist durch die obenliegende Nockenwelle und den Ventiltrieb deutlich größer als bei einem Zweitaktmotor (siehe gegenüberliegende Seite).

7.35 Nach Abnahme des Kipphebeldeckels sind die Nockenwelle, die Steuerkette und die Ventilschäfte mit den Ventilfedern sichtbar.

Kolbenlage kann der Schiefstand erkannt und ausgerichtet werden.

Nach dem Aufsetzen des Zylinders wird die Zylinderkopfdichtung aufgelegt und der Zylinderkopf montiert. Die Zylinderkopfschrauben/-muttern müssen in der richtigen Reihenfolge mit dem korrekten Drehmoment angezogen werden; diese Angaben stehen im Werkstatthandbuch. Das Einhalten dieser Vorgaben ist sehr wichtig, da ansonsten die Gefahr besteht, dass sich der Zylinderkopf verzieht und Undichtigkeiten entstehen.

Mit Sorgfalt und Geduld lassen sich die beschriebenen Arbeiten auch von Restaurierungsanfängern ohne größere Probleme durchführen. Reparaturen am Getriebe oder an der Kurbelwelle erfordern das Trennen der Kurbelgehäusehälften, was Neulinge besser einer Fachwerkstatt überlassen sollten. Die wichtigsten Arbeiten dabei werden aber am Ende dieses Kapitels kurz beschrieben.

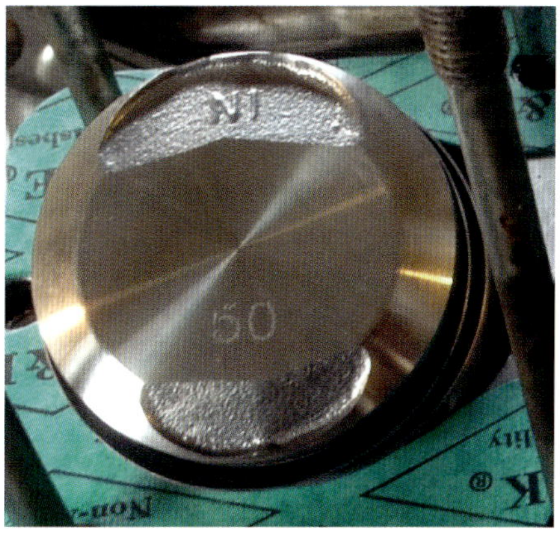

7.36 Dieser Motor hat einen Übermaßkolben erhalten, der 0,5 mm größer als der Serienkolben ist. Darauf weist die Zahl 50 hin. Beachten Sie die Aussparungen für die Ventilteller im Kolbenboden (die so genannten Ventiltaschen) sowie die „IN"-Markierung (Intake – Einlass), mit der die Einbaurichtung vorgegeben wird.

7.37 Passen Sie auf, dass Ihnen die Steuerkette nicht in den Steuerkettenschacht fällt – das Herausfischen ist oft ein Geduldsspiel. In vielen Werkstatthandbüchern wird empfohlen, wie im Bild gezeigt, ein passendes Stück Draht um die Kette zu legen.

VIERTAKTMOTOREN

Viele der bereits bei den Zweitaktmotoren angesprochenen Punkte gelten auch für Viertaktmotoren, so dass hier nur noch die wesentlichen Unterschiede behandelt werden.

Ein wesentlicher Unterschied zwischen einem Viertaktmotor und einem Zweitaktmotor besteht darin, dass der Viertaktmotor Einlass- und Auslassventile hat, die über den Ventiltrieb geöffnet und geschlossen werden. Über das geöffnete Einlassventil kann der abwärtslaufende Kolben das Kraftstoff-Luftgemisch vom Vergaser in den Zylinder ansaugen. Dann schließt das Einlassventil und der nach dem Passieren des unteren Umkehrpunktes (UT, unterer Totpunkt) wieder aufwärtslaufende Kolben verdichtet das Kraftstoff-Luftgemisch. Kurz vor dem oberen Totpunkt (OT; oberer Umkehrpunkt des Kolbens) entsteht ein Zündfunke und entzündet das verdichtete Gemisch, das daraufhin verbrennt.

Durch den Verbrennungsdruck wird der Kolben nach unten gedrückt. Am Ende der Abwärtsbewegung öffnet das Auslassventil und der wieder nach oben laufende Kolben schiebt das bei der Verbrennung entstandene Abgas aus dem Zylinder. Das Arbeitsspiel beginnt erneut und läuft je nach Drehzahl mehrere tausend Mal pro Minute ab. Daher ist eine sehr genaue Steuerung der Ventile erforderlich. Das Öffnen und Schließen erfolgt über eine oder zwei Nockenwellen, die je nach Bauweise die Ventile entweder über Stößelstangen und Kipphebel bzw. nur Kipphebel betätigen oder über Tassenstößel direkt auf das Ventil wirken. Zum Antrieb der Nockenwelle(n) können Zahnräder, Zahnriemen oder eine so genannte Steuerkette vorhanden sein. Ein Steuerkettenantrieb erfordert zusätzlich eine Spannvorrichtung für die Kette, die bei älteren Motorrädern in bestimmten Wartungsintervallen nachjustiert werden muss.

Der Nockenwellenantrieb ist so übersetzt, dass die Nockenwelle mit halber Kurbelwellendrehzahl rotiert. Die Einlass- und Auslassventile sind im Betrieb hohen und dabei stark schwankenden Temperaturen ausgesetzt. Daher ist in ihrer Steuerung ein bestimmtes Spiel erforderlich, damit sie unter allen Bedingungen richtig schließen können. Diese Ventilspieleinstellung ist regelmäßig erforderlich. Die einzustellenden Werte sind bei den Motoren unterschiedlich und können zwischen einigen Hundertstel und mehreren Zehntel Millimetern betragen.

Ein zu niedriger Kompressionsdruck kann bei Viertaktmotoren durch undichte Ventile aber auch durch ein zu großes Kolbenlaufspiel verursacht werden, Letzteres wird von blauem

Auspuffrauch begleitet. Wenn Motorräder mit Viertaktmotoren längere Zeit abgestellt waren, kann es nach dem Wiederanlassen sein (falls es Ihnen noch vor der Restaurierung gelingen sollte), dass es ebenfalls blau aus dem Auspuff qualmt. Ursachen dafür können festsitzende Kolbenringe oder ausgehärtete Ventilschaftdichtungen sein.

Falls zur Ursachenforschung der Zylinderkopf und der Zylinder abgenommen werden müssen, ist das mit erheblich mehr Arbeit als bei einem Zweitaktmotor verbunden. Bei älteren Motorkonstruktionen mit Stößelstangen lässt sich der Zylinderkopf noch relativ einfach demontieren; die meisten klassischen japanischen Motorräder haben jedoch obenliegende Nockenwellen, deren Steuerkette zum Ausbau der Wellen ausgehängt oder sogar getrennt werden muss. Befolgen Sie dazu unbedingt die Hinweise im Werkstatthandbuch.

Die Überprüfung des Kolbens, der Kolbenringe und des Zylinders ist identisch mit der Vorgehensweise bei den Zweitaktmotoren. Allerdings haben Viertaktkolben keine Verdrehsicherung für die Kolbenringe.

Für den Ausbau der Ventile aus dem Zylinderkopf ist eine Ventilfederzange erforderlich. Vor dem Ausbau sollte die Dichtigkeit der Ventilsitze überprüft werden, indem man Kraftstoff in die Kanäle einfüllt und beobachtet, ob dieser am geschlossenen Ventil vorbei in den Brennraum läuft. Nur leicht undichte Ventile kann man durch Einschleifen mit spezieller Ventilschleifpaste wieder abdichten. Sind allerdings die Ventilsitze im Zylinderkopf eingeschlagen, müssen die Sitze nachgefräst werden. Oftmals sind auch die Ventilführungen ausgelaufen und der Zylinderkopf ist sowieso ein Fall für die Fachwerkstatt – gemeinsam mit einer Überholung von Getriebe oder Kurbelwelle.

Markierungen an Nockenwelle und Kurbelwelle helfen beim Wiederzusammenbau des Motors, die richtige Stellung der Wellen zueinander einzuhalten. Diese Arbeit bezeichnet man als Steuerzeiteneinstellung. Unterläuft dabei ein Fehler, hat der Motor weniger Leistung; im schlimmsten Fall können sogar die Ventile auf dem Kolben aufsetzen, was sehr teure Folgen hat.

KURBELGEHÄUSE

Wie bereits erwähnt, werden die meisten Restaurierungsneulinge sich vielleicht noch zutrauen, den Zylinderkopf und Zylinder abzunehmen und dagegen Instandsetzungsarbeiten, die das Trennen des Kurbelgehäuses erfordern, lieber einer Fachwerkstatt überlassen.

Das Auseinandernehmen der beiden Kurbelgehäusehälften ist erforderlich, wenn zum Beispiel Probleme mit dem Kurbeltrieb oder dem Getriebe vorhanden sind.

7.38 Nach einem schweren Motorschaden ist das Öffnen des Kurbelgehäuses unumgänglich. Auf dem Bild ist ein abgebrochenes Stück des Kolbenschafts zu sehen, das aus dem Motor entfernt werden musste.

7.39 Die Innereien eines Kurbelgehäuses: Kickstarterwelle, Getriebewellen, Schaltwelle, Kurbelwelle und andere Teile …

7.40 Diese Arbeit erfordert den Einsatz einiger Spezialwerkzeuge.

7.41 An diesem Kurbelwellendichtring war der Sitz der Schlauchfeder alterungsbedingt herausgebrochen und machte einen Austausch erforderlich.

7.42 Der erste Schritt: eine in Einzelteile zerlegte wälzgelagerte Kurbelwelle.

7.44 Nach dem Zusammenpressen muss die Kurbelwelle mittels Messuhren auf absoluten Rundlauf geprüft werden.

7.43 Eindeutig eine Aufgabe für einen Spezialisten: Um eine solche Kurbelwelle zu zerlegen, ist eine große hydraulische Presse erforderlich.

Eine besondere Sache ist die Kurbelwelle, die wälz- oder gleitgelagert sein kann. In beiden Fällen können die Schäden an der Lagerung nur von einem Motoreninstandsetzungsbetrieb beseitigt werden: Wälzgelagerte Kurbelwellen müssen zum Austausch der Lager auseinandergepresst werden, beschädigte Zapfen von gleitgelagerten Kurbelwellen recht aufwändig nachgearbeitet werden – beides lässt sich ohne spezielle Werkzeuge und Maschinen nicht durchführen.

Sobald der Motor vollständig zerlegt ist, können die sonst nicht zugänglichen Komponenten wie Getriebewellen, Kickstarterwelle usw. überprüft werden. Grundsätzlich erneuert man alle Dichtungen und Wellendichtringe; beachten Sie auch die Hinweise dazu im Werkstatthandbuch. Falls Sie sich diese Arbeit nicht zutrauen, bringen Sie Ihren Motor besser in eine Fachwerkstatt.

Kapitel 8

Bremsen, Räder und Reifen

An fast jedem Restaurierungsprojekt sind Arbeiten an der Bremse erforderlich. Besondere Vorsicht ist in diesem Zusammenhang beim Kauf von abgebrochenen Restaurierungen geboten. Oft werden diese Motorräder für Fotozwecke einfach nur lose zusammengesteckt und so kann es schon vorkommen, dass Teile an der Bremsanlage fehlen oder nicht richtig festgezogen sind. Bremsen sind lebenswichtig und müssen immer besonders sorgfältig überprüft und mit dem nötigen Sachverstand instandgesetzt werden.

Sie sollten es sich zur Regel machen, bei jeder Ihrer Restaurierungen die Bremsen zu überholen. Ähnlich wie bei den Vergasern lässt sich ihre Überarbeitung meistens sowieso nicht umgehen. Daher gehört eine sorgfältige Instandsetzung der Bremsen zu den Pflichtarbeiten bei jedem Projekt.

HYDRAULISCHE SCHEIBENBREMSEN

Zuerst wird die Bremse auf Funktionstüchtigkeit und Undichtigkeiten überprüft. Beim Betätigen des Hebels sollte sie einen ordentlichen Druck aufbauen und wieder einwandfrei lösen, danach kontrolliert man alle Schläuche und Bremsleitungen auf Risse oder sonstige Beschädigungen sowie die Bremsbeläge auf ihren Verschleiß.

Festsitzende Bremsen können mehrere Ursachen haben. Bei Motorrädern, die viel im Winter gefahren wurden, führt oft Korrosion durch Streusalz zum Blockieren der Bremskolben im Bremssattel. Aber auch bei länger stillgelegten Motorrädern können Korrosions- und Alterungserscheinungen die Bremskolben in der Bremszange festgehen lassen. Beeinflusst wird das auch durch die Materialpaarung von Bremskolben und Bremssattel sowie den Wassergehalt der Bremsflüssigkeit. Bei ausgebauten Bremsbelägen sollte man versuchen, die Bremskolben durch Pumpen mit dem Hebel zu lösen.

8.1 Sicherheitsrisiko: Dieser Bremsschlauch weist offensichtliche Risse auf. Kontrollieren Sie sorgfältig alle Bremsschläuche, Bremsleitungen, Gummiteile und Dichtungen auf Beschädigungen und Alterserscheinungen.

Denn die Bremskolben auf diese Weise wieder gangbar zu machen, kann erheblich Zeit einsparen: Mit dem Hydraulikdruck des Bremssystems lässt sich das Lösen eines festgegangenen Kolbens viel einfacher bewerkstelligen als bei ausgebautem Bremssattel.

Dazu müssen natürlich die Bremsleitungen und der Hauptbremszylinder noch einigermaßen in Ordnung sein. Die Bremsschläuche können innerlich aufgequollen sein und so den Weg der Bremsflüssigkeit behindern, und auch am Hauptbremszylinder können Korrosion und Ablagerungen vorhanden sein.

Überholen eines Bremssattels

Am Beispiel eines Suzuki-Bremssattels soll gezeigt werden, mit welchen Problemen Sie bei der Überarbeitung der Bremse konfrontiert werden können. Bitte beziehen Sie sich immer auf das Werkstatthandbuch Ihres Motorrads, wenn Sie an den Bremsen arbeiten.

Ein festsitzender Bremskolben kann auf zwei Arten gelöst werden. Die erste Möglichkeit ist, wie bereits beschrieben, den Kolben mit dem Druck des Hauptbremszylinders aus dem Sattel herauszupumpen. Das klappt allerdings nur, wenn der Hauptbremszylinder noch einigermaßen funktioniert – was leider nicht immer der Fall ist.

8.2 Dieser Bremssattel ist überholungsbedürftig: Dazu wird er zerlegt, lackiert und mit Neuteilen wieder zusammengebaut.

8.3 Eine andere Möglichkeit zum Ausbauen eines festsitzenden Kolbens aus einem Bremssattel ist der Einsatz einer Fettpresse. Dazu wird der Sattel ausgebaut, der Bremsleitungsanschluss mit einer passenden Schraube verschlossen und auf den geöffneten Entlüfternippel eine Fettpresse angesetzt. Das Einpumpen des Fetts drückt schließlich den Kolben heraus. Anschließend muss der Bremssattel gründlich gereinigt und entfettet werden.

8.4 So sieht es häufig nach dem Ausbau des Kolbens aus: Im nächsten Schritt wird alles gründlich gereinigt und der Rost mit feinem Schmirgelleinen entfernt. Auch die Nuten müssen von allen Rückständen befreit werden. Nachdem alle Korrosionsspuren restlos beseitigt wurden, kann der Kolben probeweise ohne Dichtung eingeschoben werden, um seine Freigängigkeit zu kontrollieren.

8.5 Ein verrosteter Bremskolben: An manchen Stellen ist die Chromschicht angegriffen und eine Wiederverwendung würde die neue Dichtung beschädigen. Die aufgetretene Korrosion zwischen dem Kolben und dem Bremssattel führte zur Blockade des Kolbens.

8.6 In diesem Zustand lässt sich der Bremssattel am einfachsten lackieren – falls er es ursprünglich auch war. Je nach Zustand der ursprünglichen Lackschicht reicht das Abschmirgeln der schadhaften Stellen, bis eine glatte Oberfläche entstanden ist. Ist die Lackierung allerdings stark angegriffen, wird sie mit Farbentferner vollständig beseitigt. Falls keine Lackierausrüstung vorhanden ist, kann man mit etwas Sorgfalt auch mit Lack aus der Sprühdose akzeptable Ergebnisse erzielen. Dafür sollte eine qualitativ hochwertige und hitzebeständige Farbe verwendet werden.

8.7 Dieser Rechteckring dichtet den Kolben nicht nur ab, sondern zieht ihn nach dem Lösen der Bremse wieder ein kleines Stück zurück, damit die Bremse vollständig frei gegeben wird. Mit einer spitzen Nadel oder einem kleinen Schraubendreher kann er aus der Nut gehebelt werden. Anschließend muss die Nut sehr sorgfältig gereinigt werden.

*8.8 Dieser Bremssattel wurde außen mit einem Strahlgerät gereinigt und schließlich mit Sandpapier der Körnung 1200 geglättet (**Achtung:** Nicht die Bohrung des Bremskolbens strahlen oder schleifen!). Nachdem er lackiert ist, können eine neue Dichtung und der Kolben eingebaut werden.*

8.11 Zum Einbau des neuen Bremskolbens wird etwas Bremsflüssigkeit oder Bremszylinderpaste aufgetragen, damit er leichter gleitet. Hinweis: Der Kolben ist aus Demonstrationsgründen hier seitenverkehrt eingebaut. In der Regel zeigt die offene Seite des Bremskolbens zum Bremsbelag.

8.9 Ein neuer Bremskolben und eine neue Staubschutzmanschette: Der Dichtring ist bereits in den Bremssattel eingebaut.

8.12 An diesem Bremssattel ist ein Metallring zur Fixierung der Staubschutzmanschette vorhanden. Er ist oftmals in einem sehr schlechten Zustand und die Überstände brechen häufig ab beim Versuch ihn abzunehmen. Mit etwas Gefühl hebt man ihn an abwechselnden Stellen immer wieder ein kleines Stück an und kann ihn vielleicht so vollständig entfernen.

8.10 Ein Warnhinweis: Das Bild zeigt zwei Staubschutzmanschetten, die beide für eine Suzuki GT 750 angeboten wurden. Die linke ist ein nachgefertigtes Zubehörteil, die rechte das Originalteil von Suzuki. Mit der links eingebauten Staubschutzmanschette würde sich der Bremssattel niemals über die Bremsscheibe schieben lassen, weil sie einfach zu dick ist. Mit dem Originalteil konnte der Bremssattel problemlos montiert werden. Auch wenn viele Nachfertigungen einen ordentlichen Eindruck machen, sollte wenn möglich immer auf Originalteile zurückgegriffen werden.

8.13 Für die Staubschutzmanschette dieser Bremszange war im Zubehörmarkt ein Sicherungsring aus Edelstahl erhältlich. Dieser hält deutlich länger und rechtfertigt so den etwas höheren Preis.

8.14 Der Sicherungsring wird vor der Montage am Bremssattel über die Staubschutzmanschette geschoben.

8.15 Staubschutzmanschette und Sicherungsring werden zusammen in die dafür vorgesehene Aufnahme am Bremssattel eingesetzt.

8.16 Grundsätzlich zu erneuern sind die Dichtringe der Hohlschrauben an den Bremsschlauchanschlüssen.

Nachdem der Lack des Bremssattels durchgetrocknet ist, reinigt man ihn zur Vorbereitung für die Montage des neuen Kolbens und der neuen Dichtungen nochmals gründlich. Der Zusammenbau erfolgt in der umgekehrten Reihenfolge. Mit neuen Bremsbelägen versehen wird der überholte Bremssattel für den späteren Einbau ins Motorrad geschützt verpackt beiseite gelegt. Nach der Montage am Motorrad muss das Bremssystem mit Bremsflüssigkeit befüllt und wie im Werkstatthandbuch beschrieben entlüftet werden. Mitunter sind als Zubehörteil auch Bremskolben aus Edelstahl erhältlich, die den Vorteil haben, dass sie weniger korrosionsanfällig sind. Allerdings sind sie auch deutlich teurer.

8.17 Empfehlenswert ist auch der Einbau neuer Entlüfternippel. Oftmals reißen die alten sowieso beim Löseversuch ab.

8.18 Der fertig überarbeitete Bremssattel mit einem neuen Entlüfternippel: Zwei bis drei Farbschichten lassen den Sattel in neuem Glanz erstrahlen.

ÜBERHOLUNG EINES HAUPTBREMSZYLINDERS

Auch wenn sich beim Betätigen des Bremshebels oder -pedals der Bremskolben im Hauptbremszylinder noch bewegt, können im Innern Ablagerungen vorhanden sein, die früher oder später zum Klemmen führen oder die Dichtlippen der Kolbenmanschetten beschädigen. Daher sollte man auch eine Überarbeitung des Hauptbremszylinders in Betracht ziehen. Für die meisten Hauptbremszylinder werden komplette Überholsätze angeboten.

8.19 Die Bremsscheiben kontrolliert man auf Rissbildung, Verschleiß und Verzug. Leicht verzogene Scheiben können abgedreht werden, sofern die Mindestdicke nicht unterschritten wird. Generell sollte man hier aber die Anschaffung von Neuteilen vorziehen.

Vor dem Zerlegen wird der Hauptbremszylinder gründlich äußerlich gereinigt. Das Auseinanderbauen ist bei den verschiedenen vorhandenen Ausführungen etwas unterschiedlich. Folgen Sie daher den Angaben im Werkstatthandbuch des jeweiligen Motorrads. Stellvertretend wird hier die am häufigsten vorkommende Vorgehensweise beschrieben.

Nach dem Reinigen des leeren Hauptbremszylinders wird die Bohrung auf Riefen, Verschleiß- und Korrosionsspuren überprüft. Sollte die Oberfläche beschädigt sein, kann es zu inneren Undichtigkeiten kommen. Die Bremsflüssigkeit strömt an den Dichtmanschetten des Bremskolbens vorbei und es kann kein

8.20 Decken Sie vor der Arbeit lackierte Bauteile ab, da die Bremsflüssigkeit den Lack und die Aufkleber angreift. Die alte Bremsflüssigkeit wird mit einer Einwegspritze abgesaugt und umweltgerecht entsorgt. Nach dem Entfernen der Bremsleitung und der beiden Halteschrauben kann der Hauptbremszylinder vom Lenker abgenommen werden.

8.21 Die Bremsschläuche sind in der Regel austauschreif. Beim Lösen der Hohlschraube tritt immer etwas Bremsflüssigkeit aus, die man mit einem Lappen auffangen sollte. Bremsflüssigkeitsspritzer auf lackierten Flächen sind sofort zu beseitigen, da sich die Flüssigkeit auch gut zum Lackentfernen eignet …

8.24 Bei diesem gründlich gereinigten Hauptbremszylinder sind die beiden Bohrungen im Behälterboden gut sichtbar.

8.22 Sofern nicht bereits geschehen baut man jetzt den Bremshebel aus, indem man die Kontermutter und Halteschraube herausdreht. Die Hohlschraube der Bremsleitung ist wieder eingeschraubt, so geht sie nicht verloren.

8.25 Die Öffnung des Hauptbremszylinders ist normalerweise zum Schutz gegen äußere Einflüsse mit einer Gummimanschette abgedichtet, die von einem Federring gehalten wird. Beide Teile fehlen bereits auf dem Bild. Unter der Gummimanschette befindet sich der Sicherungsring für den Bremskolben.

8.23 Das Innere des Ausgleichsbehälters muss sorgfältig mit Bremsenreiniger und einem Tuch gereinigt werden. Am Boden des Ausgleichsbehälters befinden sich zwei kleine Öffnungen, nämlich die Ausgleichsbohrung und die Nachlaufbohrung. Diese müssen unbedingt frei von jeglichen Rückständen sein, da ansonsten die Funktionstüchtigkeit der Bremse eingeschränkt ist.

richtiger Hydraulikdruck aufgebaut werden. Der Hauptbremszylinder ist dann schrottreif.

Wenn der Hauptbremszylinder weiter verwendbar ist, kann ein neuer Bremskolben mit Dichtmanschetten eingebaut werden. In der Regel ist der Kolben bereits mit den Manschetten bestückt, beachten Sie aber zusätzlich die im Werkstatthandbuch ange-

8.26 Mit einer passenden Zange entfernt man den Sicherungsring des Bremskolbens.

8.27 Jetzt kann der Kolben aus dem Hauptbremszylinder herausgezogen werden. Der Zylinder wird gründlich gereinigt und die Bohrung auf Verschleiß und Beschädigung überprüft.

8.28 Der Reihe nach: Das Innenleben des Hauptbremszylinders in der Einbaureihenfolge angeordnet.

8.29 Nachdem der Hauptbremszylinder gereinigt und geprüft ist, kann der neue Kolben mit den Dichtmanschetten und Bremsflüssigkeit als Schmiermittel eingebaut werden.

gebene Einbaureihenfolge der weiteren Teile wie Feder und Federsitz. Zum Einbau wird Bremsflüssigkeit oder Bremszylinderpaste auf den Bremskolben aufgetragen und der Kolben ganz in den Hauptbremszylinder eingeschoben. Mit einer passenden Zange drückt man den Sicherungsring gerade so weit zusammen, dass er sich in die Nut im Bremszylindergehäuse einlegen lässt. Achten Sie darauf, dass er richtig sitzt, da ansonsten der Bremskolben wieder herausspringen kann.

Abgeschlossen wird die Revision des Hauptbremszylinders mit der Montage einer neuen Gummimanschette samt Federring.

TROMMELBREMSEN MIT SEILZUG BZW. GESTÄNGE

Seilzug- oder gestängebetätigte Trommelbremsen sind deutlich einfacher zu überholen als hydraulische Scheibenbremsen. Meistens reicht es aus, sie nach dem Zerlegen gründlich zu reinigen und mit neuen Bremsbacken wieder zusammenzubauen.

Besonders wichtig ist die korrekte Verlegung der Bremszüge. Manchmal werden die Züge für Fotozwecke schnell montiert, um das Motorrad für den Verkauf kompletter aussehen zu lassen. Ein falsch verlegter Bremszug kann beim Einschlagen des Lenkers die Bremse anziehen, was im schlimmsten Fall mit einem Sturz endet.

Achten Sie auf aufspleißende Innenzüge. Sie bewegen sich nicht mehr richtig in der Hülle und die Bremse löst daher nicht mehr einwandfrei. Darüber hinaus steigt die Gefahr, dass der Zug reißt.

Schmieren von Seilzügen

Die beschriebene Methode wird seit vielen Jahren angewandt, ist aber heute nicht immer geeignet. In den 70er Jahren führten nämlich viele Hersteller Bowdenzüge mit einer zusätzlichen Kunststoffhülle ein, durch die der Zug hindurchläuft. Dadurch verringert sich die innere Reibung. Wird hier mit falschem Schmiermittel geschmiert, kann das zum Aufquellen des Kunststoffs führen und der Zug wird unbrauchbar. Für einfache Bowdenzüge hat die Methode aber weiterhin Gültigkeit.

Die zu schmierenden Bowdenzüge werden so hoch aufgehängt, dass sie vollkommen gerade sind und den Boden nicht berühren. Mit etwas Knete formt man einen kleinen Trichter um das obere Ende des Bowdenzugs, das untere Ende steckt man in ein passendes Gefäß. Nun füllt man dünnes Öl in den Trichter ein und überlässt das Ganze über Nacht sich selbst. Das Öl sollte am nächsten Tag seinen Weg nach unten gefunden haben und in den Behälter getropft sein. Der Innenzug muss sich

8.30 Aus Knete kann um das Zugende ein kleiner Trichter geformt werden, der mit dünnem Öl gefüllt wird. Über Nacht sollte das Öl seinen Weg nach unten gefunden haben und dort austreten. Diese Methode funktioniert aber nur bei einfachen und leicht korrodierten Zügen. Sollten irgendwelche Zweifel an einem einwandfreien Zustand des Zugs bestehen, gehört er erneuert. Es ist nicht nur sehr unangenehm, mit einem gerissenen Zug weit weg von der heimischen Garage liegen zu bleiben, sondern es kann daraus auch eine gefährliche Situation entstehen.

jetzt leicht bewegen lassen. Ist das nicht der Fall, kaufen Sie einen neuen.

RÄDER

Fast alle klassischen Motorräder haben Drahtspeichenräder. Deren Speichen können aus lackiertem oder verchromtem Stahl oder aus Edelstahl bestehen. Bei den Felgen kommt zusätzlich noch Leichtmetall als Werkstoff zum Einsatz. Zur Oberflächenbehandlung können die Teile poliert, lackiert oder pulverbeschichtet sein.

Sehr häufig sind die Räder in einem schlechten Zustand. Vor irgendwelchen Arbeiten sollten sie auf einwandfreien Rundlauf und Beschädigungen geprüft werden. Sind alle Speichen fest? Leichtmetallfelgen erfordern zusätzlich eine Kontrolle auf Risse und Kerben.

Im günstigsten Fall genügen eine gründliche Reinigung und Politur, um die Räder wie neu aussehen zu lassen. Im schlimmsten Fall ist ein Neuaufbau erforderlich.

Manchmal kann es billiger sein, nach einem guten gebrauchten Rad zu suchen, als ein vorhandenes mit großem Aufwand herzurichten.

Falls der Felgenchrom in sehr schlechtem Zustand oder die Felge selbst beschädigt ist, kann sie ausgetauscht werden. Dazu wird das Rad ausgespeicht, die Nabe auf ihre Wiederverwendbarkeit geprüft und mit neuen Speichen und einer neuen Felge wieder eingespeicht und zentriert. Das ist eine Aufgabe für einen Fachmann.

Es gibt noch genug andere Arbeiten für den Hobby-Restaurator, mit denen das Erscheinungsbild der Räder verbessert werden kann. So haben die Bremsscheiben meist einen lackierten Innenring, der neue Farbe erfordert. Alleine durch die Neulackierung dieses scheinbar nebensächlichen Details entsteht ein wesentlich besserer Eindruck.

8.31 Die Farbe des ehemals schwarzen Innenrings der Bremsscheibe ist hier nicht mehr vorhanden. Im Bild wird gezeigt, wie das Sicherungsblech aufgebogen wird, um anschließend die Bremsscheibenschraube lösen zu können.

An den ausgebauten Rädern entfernt man zuerst die Bremsscheiben. Dazu müssen die an den meisten Motorrädern vorhandenen Sicherungsbleche aufgebogen werden, damit man die Befestigungsschrauben lösen kann. Nach dem Entfernen aller Schrauben kann die Bremsscheibe von der Nabe abgenommen werden.

8.32 Hier hat die abgeklebte Bremsscheibe ihre erste Lackschicht erhalten.

Zur Vorbereitung wird die Bremsscheibe gründlich gereinigt, entfettet und getrocknet. Bereiche, die nicht lackiert werden sollen, klebt man mit geeignetem Klebeband ab. Schwierig abzuklebende Stellen können überlackiert werden, erfordern aber danach eine Reinigung.

8.33 Mit einem kleinen Pinsel können schwer zugängliche Stellen ausgebessert werden.

8.34 An diesem Rad wurden die Bremsscheiben entfernt. Jetzt kann die Nabe poliert werden.

Die Auflagefläche der Bremsscheibe sollte frei von Farbe bleiben, damit ein einwandfreier Sitz gewährleistet ist.

8.35 Diese Hinterradnabe wurde schon längere Zeit vernachlässigt.

Schwierig kann sich das ordentliche Polieren der Nabe gestalten. Mit einem Multifunktionswerkzeug und einem geeigneten Polierkopf erreicht man auch unzugänglichere Stellen.

8.36 Ein Multifunktionswerkzeug erleichtert das Polieren schwer zugänglicher Bereiche.

8.37 Mit etwas Zeit und Mühe erstrahlt die Nabe wieder in neuem Glanz.

REIFEN

Der Reifenzustand hat wesentlichen Einfluss auf das Fahrverhalten eines Motorrads. Faktoren wie hohes Reifenalter (ablesbar an der eingeprägten DOT-Nummer, die Produktionswoche und Jahr angibt), geringe Profiltiefe, Risse oder Ausbrüche im Gummi beeinträchtigen die Fahrsicherheit. Das ist der Grund, warum Reifen, die auch nur eines dieser Anzeichen aufweisen, unbedingt erneuert werden müssen.

Es ist sehr unwahrscheinlich, dass an einem Restaurierungsobjekt noch brauchbare Reifen vorhanden sind. Die Kosten für einen neuen Reifensatz sollten daher im Budget eingeplant sein – einschließlich der Schläuche und Felgenbänder. Tauschen Sie niemals nur einen Reifen aus. Sie sollten paarweise gewechselt werden und beide von einem Hersteller stammen. Dabei gibt es Paarungen mit zugeordneten Reifen für das Vorder- bzw. Hinterrad, die entsprechend mit „Front" und „Rear" gekennzeichnet sind. Solche Reifenpaare sind aufeinander abgestimmt und können so ihre besten Eigenschaften

8.38 Ein Pfeil gibt die Drehrichtung dieses Vorderreifens an.

8.39 Dieser Reifen weist deutliche Alterungsrisse auf, ein schwerwiegender und gefährlicher Mangel. Reifen mit solchen Erscheinungen müssen erneuert werden!

entwickeln. Meist ist eine Reifenempfehlung, wenn nicht sogar eine Reifenbindung des Motorradherstellers vorhanden. Falls der ursprüngliche Reifentyp nicht mehr produziert wird, kann es vom Reifenhersteller eine moderne Alternativlösung geben.

Noch kurz ein Hinweis zu den verschiedenen Bezeichnungen auf der Seitenwand eines Reifens: Analog zu Pkw-Reifen geben die Kürzel und Zahlen Auskunft über Fabrikat und Typ, Reifenbreite (in mm), Querschnittsverhältnis (in %), Reifenbauart, Felgendurchmesser (in Zoll), Tragfähigkeitskennzahl und Geschwindigkeitsindex. Zusätzlich gibt das Kürzel „TL" an, dass es sich um einen schlauchlosen Reifen handelt. M/C bedeutet, dass diese Reifen ausschließlich für Motorräder geeignet sind. Beispiel: Continental ContiRoadAttack 160/60 ZR 17 TL (69W) M/C. **Tipp:** Bei älteren Reifen findet sich häufig eine Größenangabe in Zoll, z. B.: 3.5x17. Dabei handelt es sich also um einen 3,5 Zoll breiten Reifen für eine 17-Zoll-Felge.

Bei älteren Reifentypen handelt es sich in der Regel auch nicht um schlauchlose Ausführungen, darum gilt hier die Grundregel: Neuer Reifen, neuer Schlauch. Die Verwendung eines gebrauchten Schlauchs kann nur als absolute Notlösung gesehen werden. Er ist unterschiedlich gedehnt und beim Wiederaufpumpen in einem neuen Reifen können Falten entstehen, die früher oder später zum Durchscheuern des dünnen Gummis führen. Und ein Luftverlust beim Fahren kann fatale Folgen haben!

Etliche Reifenhersteller bieten für klassische Motorräder noch Reifen an, die das damals typische Profil und Erscheinungsbild aufweisen.

8.41 Dieses Rad ist auf einer Reifenmontiermaschine eingespannt und hat ein neues Felgenband erhalten. Das Band verhindert, dass die Speichennippel oder durch die Nippel ragende Speichenenden den Schlauch beschädigen.

8.40 Für das Abziehen dieses 20 Jahre alten Reifens von der Felge waren zwei kräftige Männer erforderlich.

8.42 Ein guter Reifenfachbetrieb kennzeichnet die Laufrichtung des Rads, solange der alte Reifen noch montiert ist – wenn er denn richtig montiert war! Überprüfen Sie das, bevor Sie die Räder zur Reifenmontage abliefern.

8.43 Die obligatorische Reifendruckprüfung schließt die Montage ab. Falscher Reifendruck führt zu höherem Verschleiß und ist ein Sicherheitsrisiko.

Viele Motorradfahrer lassen jedoch moderne Reifenkonstruktionen aufziehen, weil die neue Pneu-Generation das Fahrverhalten auch von älteren Motorrädern deutlich verbessern kann.

Theoretisch ist es möglich, den Reifenwechsel in der heimischen Garage mit Reifenmontierhebeln vorzunehmen. Meistens sind jedoch die einstmals weichen Reifen an länger stillgelegten Motorrädern hart wie Stein, was den Wechsel in Eigenregie nahezu unmöglich macht. Der Reifenhändler Ihres Vertrauens, bei dem Sie auch Ihre Reifen kaufen, wird Ihnen die Reifen gegen ein kleines Entgelt montieren. Das ist unter dem Strich die beste Lösung, weil dann auch das Rad noch ausgewuchtet wird – spätestens hier kommt man mit den eigenen Möglichkeiten an seine Grenzen.

Im Innern der Felge kann unter dem Schlauch Rost entstanden sein, der nach dem Abnehmen des alten Reifens zum Vorschein kommt. Mit einer Drahtbürste wird der Rost entfernt und mit Felgenklebeband abgeklebt. Dieses Klebeband wird anstelle der Gummifelgenbänder zum Abdecken der Speichennippel verwendet und schützt den Schlauch vor Beschädigungen.

Auf den Bildern ist die Reifenmontage in einem Fachbetrieb zu sehen. Durch das Einspannen der Felge in der Reifenmontiermaschine ist diese Arbeit deutlich einfacher.

Achten Sie stets auf den richtigen Reifendruck. Seine regelmäßige Kontrolle ist für die Fahrsicherheit Ihres Motorrads äußerst wichtig. Ein zu geringer Reifendruck führt zu schwammigem Fahrverhalten, erhöht die Reifentemperatur und verursacht irregulären Verschleiß und erhöht die Gefahr einer Reifenpanne.

Zu hoher Reifendruck erhöht nicht die Tragfähigkeit des Reifens, sondern verringert die Eigendämpfung des Reifens, macht das Fahrverhalten unkomfortabler und führt zu erhöhtem Verschleiß in der Profilmitte.

Prüfen Sie den Reifendruck regelmäßig in kaltem Zustand mit einem hochwertigen Manometer, das die Anzeige hält und daher besser ablesbar ist.

8.45 Das aufgearbeitete Rad mit einem neuen Reifen. Nach etwa 100 Kilometern Fahrstrecke ist ein neuer Reifen „eingefahren“ und hat seine volle Haftfähigkeit erreicht.

Kapitel 9

Kraftstoff-system und Auspuffanlage

Störungen im Kraftstoffsystem oder an der Auspuffanlage resultieren in einer verringerten Leistung, erhöhtem Kraftstoffverbrauch oder führen dazu, dass der Motor gar nicht mehr anspringt.

KRAFTSTOFFTANK

Probleme mit Korrosion im Tank ergeben sich aus der physikalischen Eigenart des Wassers, sich am Tankboden abzusetzen, da es schwerer ist als Benzin. Besonders bei Maschinen, die lange Zeit nicht bewegt wurden, sammelt sich Kondenswasser oder über die Tankentlüftung eingedrungenes Wasser am tiefsten Punkt, und da sind meist auch die Schweißnähte, an denen die Folgen der Korrosion als erstes auftreten.

Ganz wichtig ist das vollständige Entfernen von Rost und Ablagerungen aus dem Kraftstofftank. Schon kleine Partikel können große Probleme verursachen, weil sie Filter zusetzen oder die Abdichtung des Schwimmerventils beeinträchtigen.

Leichte Korrosionserscheinungen im Tankinneren können mit Rostumwandler neutralisiert werden. Falls gewünscht, wird der Tank anschließend innen beschichtet, was eine Neubildung von Rost unterdrückt.

9.1 In so einen Tank sollte ohne eine vorherige Reinigung kein Kraftstoff eingefüllt werden. Neben Rost und Ablagerungen können auch schlammige und nicht gerade wohlriechende Rückstände am Boden des Tanks vorhanden sein, die aus zersetzendem Kraftstoff entstanden sind und vollständig entfernt werden müssen. Hinweis: Tankstellenbenzin hat eine garantierte Lagerfähigkeit von nur 12 Monaten.

Ein stärker angegriffener Tank erfordert eine intensivere Behandlung. Bevor man irgendwelche Reinigungsaktivitäten startet, baut man den Benzinhahn aus und legt ihn für eine spätere Überprüfung beiseite. Die entstandene Öffnung verschließt man mit einem passenden Korken.

Zur Tankreinigung gibt es verschiedene Methoden. Stärkere Rosterscheinungen können mechanisch mit feinkörnigem Splitt oder Kies für Aquarien beseitigt werden. Man füllt ein paar Handvoll des Materials in den Tank und schüttelt ihn damit in verschiedene Richtungen. Auf diese Weise lassen sich neben dem Rost auch Ablagerungen lösen. **Tipp:** Als hilfreich für die Tankreinigung hat sich auch der Motorradreiniger von Polo oder Louis erwiesen.

9.2 Dieser Tank weist nur leichten Rostbefall auf und erfordert nur eine einfache Reinigung. Dazu füllt man etwas Zweitaktgemisch in den Tank und schwenkt ihn so, dass alle Flächen und Ecken erreicht wurden. Anschließend lässt man den Kraftstoff ab und entsorgt ihn. Dadurch werden vorhandene Partikel ausgespült und die Oberflächen vor Rost geschützt.

Danach wird der Tank mit einer warmen Seifenlösung gut ausgespült und anschließend getrocknet. Jetzt kann der chemische Rostentferner eingesetzt werden – beachten Sie dabei die Verarbeitungshinweise des Herstellers.

Falls das Tankinnere in einem schlechten Zustand war, bietet sich eine Innenbeschichtung bzw. Tankversiegelungen an. Damit lassen sich letzte Korrosionserscheinungen binden und sogar punktuelle Durchrostungen verschließen.

Zum Schluss wird der Tank optisch wieder aufbereitet. Mehr Informationen dazu finden Sie in Kapitel 11.

Sollte der Tank noch in einem guten Zustand sein, befüllt man ihn (mit montiertem

9.3 Nach dem Entrosten muss der Tank gut getrocknet werden. Dazu kann man ihn zum Beispiel für einige Stunden auf einen niedrig einregulierten Heizkörper legen. Vorsicht: Auch ein scheinbar leerer Tank kann noch entzündliche Dämpfe beinhalten! Welche Methode man auch anwendet: Der Tank muss innen vollständig getrocknet sein, um mit weiteren Korrosionsschutzmaßnahmen (Beschichtung, Versiegelung) eine erneute Rostbildung erfolgreich zu verhindern.

Benzinhahn) mit etwas Zweitaktgemisch (Öl und Benzin) und schwenkt ihn mehrmals, um alle inneren Flächen zu benetzen.

Diese Methode ist auch bei Motorrädern mit Viertaktmotor anwendbar. Der so vorbereitete Tank wird gut geschützt bis zum Einbau an einem sicheren Ort verstaut.

BENZINHAHN

Die Benzinhähne älterer Motorräder lassen sich meistens zerlegen. Arbeiten Sie dabei vorsichtig, damit keine Kleinteile wie Federn oder Schrauben auf Nimmerwiedersehen in den Tiefen der Werkstatt verschwinden.

Die Dichtungen und O-Ringe an Benzinhähnen und Vergasern härten durch den Kraftstoffeinfluss im Lauf der Zeit aus und müssen bei der Überarbeitung unbedingt erneuert werden. Allerdings kann es manchmal zu Schwierigkeiten bei der Ersatzbeschaffung kommen – ein vollständiges Muster ist bei der Ersatzteilsuche sehr hilfreich.

9.4 Entfernen Sie die Befestigungsschrauben des Benzinhahns und reinigen Sie diese für die spätere Wiederverwendung. Eventuell unter den Schrauben befindliche Dichtscheiben müssen erneuert werden, genauso wie die zwischen dem Tank und dem Benzinhahn eingelegte Dichtung.

9.5 Der ausgebaute Benzinhahn wird auf einer sauberen Unterlage zerlegt. Beim Abschrauben des Wassersacks – so nennt man die kleine Kappe am unteren Benzinhahnende – kann noch etwas Restkraftstoff herausfließen. Halten Sie daher einen Lappen bereit.

9.6 Der Ausbau des erwähnten Wassersacks: Da Wasser eine höhere Dichte als Kraftstoff hat, kann es sich in dieser Kappe absetzen und gelangt nicht in den Vergaser.

9.7 Rückstände weisen darauf hin, dass der Wassersack seiner Funktion nachgekommen ist. Das Bauteil ist mit einer Dichtung versehen, die ebenfalls erneuert werden sollte.

9.8 Innerhalb des Benzinhahns kann ebenfalls ein Kraftstofffilter vorhanden sein. Er wird ausgebaut, mit Vergaserreiniger gesäubert und mit Druckluft ausgeblasen. Weitere Filter befinden sich an den in den Tank ragenden Zulaufröhrchen. Auch sie müssen sorgfältig gereinigt werden.

9.9 und 9.10 Nun entfernt man den Hebel des Benzinhahns, indem man die Schrauben der Halteplatte herausdreht. Das ist die häufigste Befestigungsart – sofern die Platte nicht angenietet ist. Bei manchen Ausführungen kann auch eine seitliche Halteschraube vorhanden sein.

9.11 *Unter der Halteplatte befindet sich meist eine Feder, über die der Hebel auf die darunterliegende Dichtung gepresst wird.*

9.14 *Jetzt ist der Benzinhahn soweit zerlegt und die Bohrungen für den Kraftstoffzulauf können überprüft werden. Jede Bohrung sollte mit Druckluft ausgeblasen und auf einwandfreien Durchgang geprüft werden. Ablagerungen oder Verstopfungen können mit einem Uhrmacherschraubendreher o. ä. vorsichtig beseitigt werden. Auch wenn sie scheinbar frei sind, können durchsichtige und daher schwer erkennbare Rückstände vorhanden sein. Mit Vergaserreiniger und Druckluft lassen sich diese aber ebenfalls zuverlässig entfernen.*

9.12 und 9.13 *Diese Dichtung befindet sich unter dem Benzinhahnhebel. Wenn sie ausgehärtet oder defekt ist, fließt auch bei geschlossenem Benzinhahn Kraftstoff aus dem Ausgangsröhrchen. Mit einem kleinen Schraubendreher lässt sie sich heraushebeln. Hier ist Vorsicht geboten, denn es kann sein, dass man sie später als Muster braucht.*

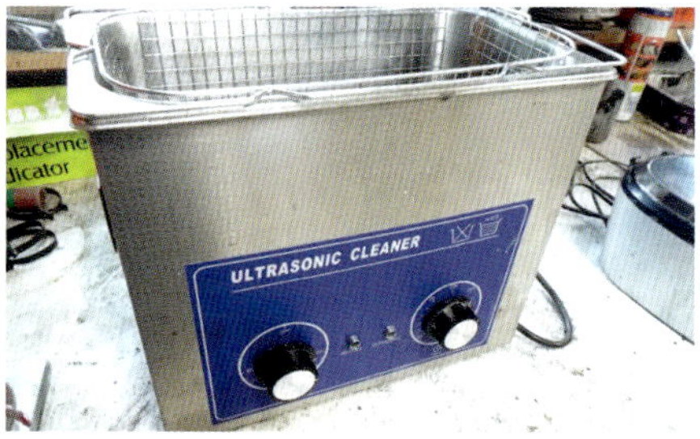

9.15 und 9.16 *Das perfekte Reinigungsgerät ist ein Ultraschallbad. Kleine Bäder sind nicht teuer, aber eben auch klein. Für das Reinigen von Vergasergehäusen braucht man schon eine größere Ausführung. Allerdings können die Kanäle eines Vergasers auch mit Vergaserreiniger und Druckluft sehr gut von Rückständen befreit werden.*

Die Befestigungsschrauben der Benzinhähne können sehr fest sitzen. Zum leichteren Lösen sprüht man sie mit Kriechöl ein und lässt es einige Zeit einwirken.

9.17 Nachdem alles gründlich gereinigt ist, wird der Benzinhahn in der umgekehrten Reihenfolge wieder zusammengebaut. Er sollte wieder wie ein Neuteil funktionieren.

VERGASER

In diesem Abschnitt wird das Zerlegen und Aufarbeiten eines Vergasers beschrieben. Dabei dient der Vergaser eines Yamaha-Motorrads mit einem kleinen Einzylinder-Zweitaktmotor als Anschauungsobjekt, für ergänzende Hinweise werden noch weitere Vergaser angeführt.

Bei den wesentlichen Bauteilen gibt es zwischen den verschiedenen Vergasern der einzelnen Modelle und Hersteller keine allzu großen Unterschiede. Im typspezifischen Werkstatthandbuch sind die entsprechenden modellbezogenen Daten wie Düsengrößen, Einstellwerte usw. zu finden.

Beim Zerlegen sollte man möglichst aussagekräftige Bilder und auch Notizen machen, damit der Wiederzusammenbau auch nach längerer Zeit problemlos gelingt.

Das wesentliche Ziel beim Vergaserreinigen ist das restlose Beseitigen aller Ablagerungen in den Luft- bzw. Kraftstoffkanälen. Nach längerer Standzeit kann alter Kraftstoff hier zäh-klebrige bis feste Rückstände bilden, die eine einwandfreie Vergaserfunktion unmöglich machen.

9.18 Egal ob Einzylinder- oder Mehrzylindermotor: Zuerst entfernt man den oder die Stutzen zwischen dem Vergaser und dem Luftfiltergehäuse; oder wenn möglich gleich das komplette Luftfiltergehäuse. Damit ist genug Platz vorhanden, um den Vergaser vom Zylinder bzw. Zylinderkopf nach hinten abnehmen zu können. Zuvor hängt man noch die Gaszüge aus und zieht alle Leitungen ab.

Da der Vergaser für die Reinigung sowieso zerlegt werden muss, ist auch der Austausch von Verschleißteilen wie dem Schwimmerventil naheliegend. Im Rahmen einer Restaurierung sollte auch der Vergaser grundsätzlich überholt werden, selbst wenn das Motorrad zuvor noch einwandfrei zu funktionieren schien. Es

9.19 Diese Vergaserbatterie einer Suzuki ist über Gummimuffen mit dem Zylinder verbunden.

ist schon ärgerlich, wenn man auf der ersten Ausfahrt mit dem frisch restaurierten Motorrad wegen überlaufender Vergaser liegen bleibt.

Der Vergaser kann auf verschiedene Weise am Motors befestigt sein: Manche Vergaser sind direkt auf den Ansaugstutzen aufgesteckt und festgeklemmt, bei anderen ist eine Gummimuffe zwischen Vergaser und Ansaugkrümmer

9.20 Bei etlichen Motoren von Honda ist diese Ansaugstutzenbauart vorhanden. Hier ist der eigentliche Ansaugstutzen aus Gummi auf eine Trägerplatte aus Aluminium aufvulkanisiert. Beim Abnehmen der Vergaser können sich ausgehärtete Stutzen von der Trägerplatte lösen. Beim Austausch der Ansaugstutzen müssen auch die O-Ringe erneuert werden, die den Stutzen zum Zylinderkopf hin abdichten.

9.21 Dieser Vergaser ist über einen Leichtmetallansaugstutzen mit dem Zylinder verbunden. Dazwischen befindet sich der Block mit den Einlassmembranen.

9.25 Nach dem Lösen der Klemmschraube kann der Vergaser mit leichten Drehbewegungen abgezogen werden.

9.27 Manchmal sind die Ablassöffnungen mit einem Ablaufschlauch versehen, was das Entleeren in ein Gefäß deutlich erleichtert.

9.22 und 9.23 Vor dem Abnehmen des Vergasers baut man den Gasschieber aus. Dazu dreht man den gerändelten Schieberdeckel ab und zieht den Schieber aus seiner Führung.

9.26 Wenn möglich, entleert man noch vor dem Ausbau der Vergaser die Schwimmerkammern. Dazu sind am Schwimmerkammerboden Ablassschrauben in unterschiedlichen Ausführungen vorhanden. Der auslaufende Kraftstoff kann z. B. in einer abgeschnittenen Öldose aufgefangen werden.

9.24 Beachten Sie den Schlitz im Gasschieber: In der Schieberführung ist ein kleiner Stift vorhanden, der in diesen Schlitz hineinragt und so ein Verdrehen des Gasschiebers verhindert.

vorhanden, die zur Vibrationsdämpfung und Wärmeisolierung dient. Eine weitere Lösung sind Gummiformteile, die auf eine Aluminiumplatte aufvulkanisiert sind.

Alle Gummiteile am Vergaserflansch müssen auf Risse oder sonstige Beschädigungen kontrolliert werden; schadhafte Teile sind auszutauschen.

Häufig sind auch die Ansauggummis zwischen Vergaser und Luftfiltergehäuse vollkommen ausgehärtet und lassen sich nach dem Lösen der Schlauchschellen nicht abnehmen. Hier helfen oft nur erhöhter Krafteinsatz – und beim Zusammenbau neue Teile. Nach dem

9.28 Die Schwimmerkammer kann nach dem Entfernen der vier Schrauben abgenommen werden. Verwenden Sie für die Kreuzschlitzschrauben unbedingt einen passenden Schraubendreher, weil sonst die Köpfe schnell „rund" gedreht sind. Für auslaufende Kraftstoffreste einen Lappen bereithalten. **Achtung:** Beim Umgang mit Kraftstoff nicht rauchen!

9.29 Ein Blick in die abgenommene Schwimmerkammer: Diese ist erstaunlich sauber.

9.32 Normalerweise lässt sich die Schwimmerachse einfach herausschieben. Sollte das nicht möglich sein, hilft man vorsichtig mit gefühlvollen Schlägen eines kleinen Hammers nach.

Entfernen dieser Gummis kann der Vergaser vom Motor abgezogen werden. Auch hier ist je nach Art und Alter der Bauteile etwas Kraft erforderlich.

Die weiteren Arbeiten am Vergaser sollten in einer sehr sauberen Arbeitsumgebung stattfinden.

Tipp: Besorgen Sie sich für jeden Vergaser eine kleine Kunststoffschale (z. B. eine Margarinedose), ordnen Sie eine Schale jeweils einem Vergaser zu und legen Sie die ausgebauten Teile des Vergasers dort ab.

Vor dem eigentlichen Zerlegen wird der Vergaser von außen gründlich gereinigt, um eventuelle Beschädigungen besser erkennen zu können. Am besten zerlegt man erst einen Vergaser komplett, bevor man mit dem nächsten fortfährt.

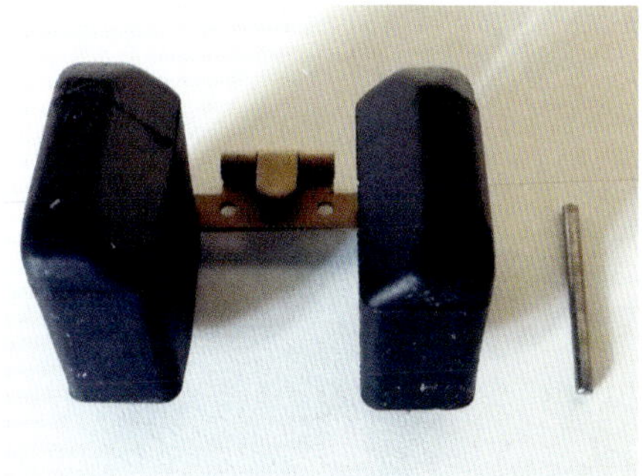

9.33 Kontrollieren Sie am ausgebauten Schwimmer die Auflagefläche des Schwimmerventils. Hier dürfen keine Einkerbungen vorhanden sein (ansonsten auspolieren). Zuvor die Unversehrtheit des Schwimmkörpers überprüfen: Hohlschwimmer aus Messing oder Kunststoff verraten durch Schütteln eingedrungenen Kraftstoff. Schwimmer aus Vollmaterial können sich mit Kraftstoff vollgesaugt haben und müssen mittels Briefwaage nachgewogen werden.

9.35 Die ausgebauten Teile von links nach rechts: Mischrohr mit Hauptdüse, Leerlaufdüse und Schwimmerventil. Überprüfen Sie genau – am besten mit einer Lupe – die Unversehrtheit der Kegelspitze des Schwimmerventils. Die Dichtung des Schwimmerventilsitzes ist in einem neuen Dichtsatz enthalten.

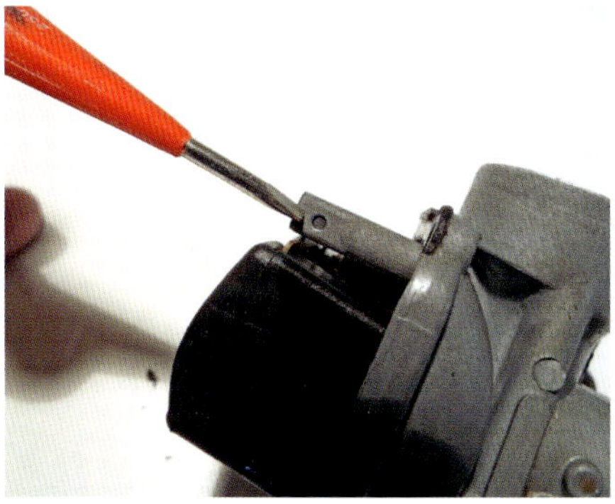

9.30 und 9.31 Jetzt kann der Schwimmer ausgebaut werden. Dazu drückt man mit einem passenden Dorn die Schwimmerachse heraus.

9.34 An der Vergaserunterseite sind die Hauptdüse, das Mischrohr, die Leerlaufdüse, das Schwimmerventil und seine Dichtung zu erkennen.

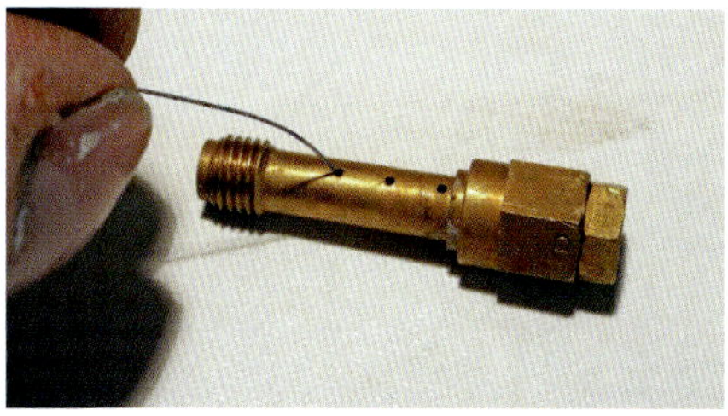

9.36 Das Reinigen von Bohrungen mit einem Metalldraht ist wirklich nur als allerletzte Maßnahme anzusehen. Die Gefahr, mit dem Draht die kalibrierten Bohrungen aufzuweiten, ist einfach zu groß! Im Zweifelsfall erneuern Sie besser die Düsen.

9.39 Das leere Vergasergehäuse kann jetzt innen und außen gründlich gereinigt werden. Der Zusammenbau erfolgt in der umgekehrten Reihenfolge mit gereinigten Bauteilen und neuen Dichtungen.

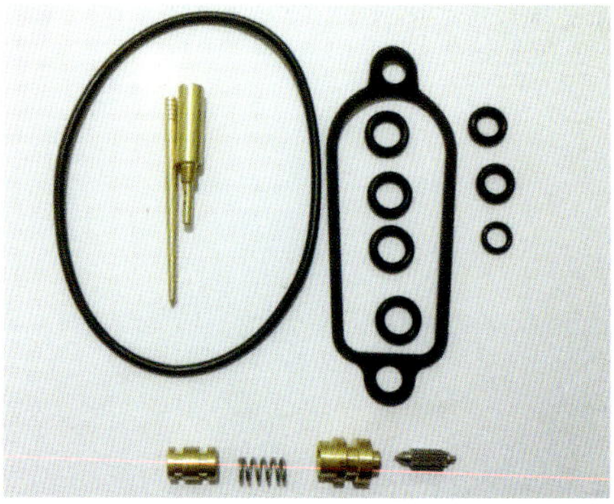

9.40 Wenn möglich sollte ein originaler Dicht- bzw. Reparatursatz für den Vergaser gekauft werden; die Nachfertigungen sind meistens auch verwendbar. Hier ein Reparatursatz für einen Vergaser der Honda CB 400F von 1976.

9.37 und 9.38 Nach dem Ausbau der Luftschraube (links) und der Schieberanschlagschraube (rechts) wird auch der Choke-Mechanismus (Bild unten) herausgeschraubt.

Vor dem Ausbau der Luft- oder Gemischeinstellschraube wird diese bis zum Anschlag hineingedreht und die Anzahl der Umdrehungen notiert. Beim Wiedereinbau dreht man sie vollständig hinein und dann wieder auf die vorher festgehaltene Position heraus. Das erleichtert später die Einstellung des Leerlaufgemischs.

9.41 Eine überholte Vergaserbatterie einer Suzuki GT 750 von 1976. Neben neuen Kraftstoff- und Überlaufleitungen wurde auch ein zusätzlicher Benzinfilter in den Kraftstoffzulauf eingebaut.

Kontrollieren Sie vor dem Einbau der Düsen, ob auch tatsächlich die richtigen Größen verbaut sind. Bevor die Schwimmerkammer wieder aufgesetzt wird, überprüft man, ob der Schwimmerstand korrekt eingestellt ist und korrigiert ihn gegebenenfalls.

Nach Abschluss der Arbeiten am Vergaser wird dieser gut verpackt und bis zum Wiedereinbau an einem geschützten Ort aufbewahrt.

AUSPUFFANLAGE

Die Auspuffanlage ist häufig in einem schlechten Zustand: von Stürzen verkratzt und verbeult und zudem noch durchgerostet. Erschwerend kommt hinzu, dass eben aus diesen Gründen nur sehr schwer gute gebrauchte Anlagen zu finden sind. Auch neue Originalanlagen sind mittlerweile für viele Motorräder kaum noch erhältlich und wenn, dann zu horrenden Preisen. Manche Nachfertigungen sind ganz brauchbar, aber dann ebenfalls keine Sonderangebote. Achten Sie bei Nachrüstanlagen immer darauf, ob ein Gutachten oder eine EG-Betriebserlaubnis vorliegen, die das Einhalten der Geräuschgrenzwerte bestätigen.

9.42 Durch Kondenswasser ist dieser Schalldämpfer durchgerostet. Falls kein Ersatz gefunden werden kann, muss die schadhafte Stelle repariert werden.

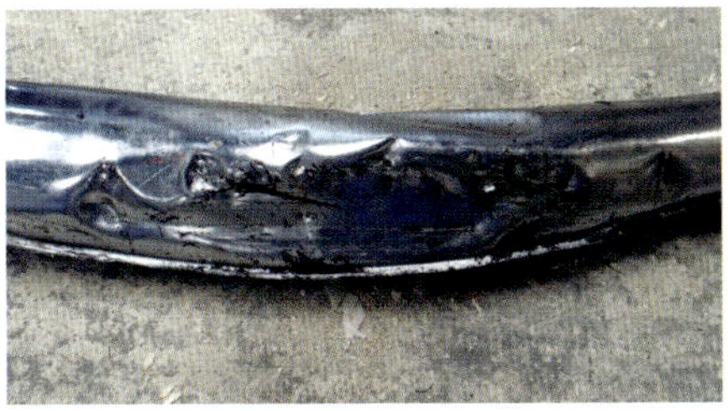

9.43 Sehr häufig sind Auspuffanlagen durch einen Sturz oder Unfall beschädigt. Dieser Schalldämpfer ist irreparabel und muss eigentlich ausgetauscht werden. Falls die schadhafte Stelle sich im unteren, nicht sichtbaren Bereich befindet und keine Risse oder Löcher aufweist, kann man darüber nachdenken, den Auspuff weiter zu verwenden. Die Motorleistung oder Fahrsicherheit sind in diesem Fall nicht beeinträchtigt.

9.44 Dieser neue Schalldämpfersatz konnte als Schnäppchen auf einem Veteranenmarkt erstanden werden. Die Auspuffanlage ist bei den meisten Motorrädern wartungsfrei. Bei Zweitaktmotorrädern können durch das mitverbrannte Öl relativ schnell Ölkohleablagerungen in der Auspuffanlage entstehen, die entfernt werden müssen. Je kleiner der Hubraum, umso anfälliger sind die Motorräder dafür.

9.45 Überprüfen Sie den Dämpfereinsatz im Schalldämpferende. Er muss gemäß Wartungsplan ausgebaut und gereinigt werden.

9.46 An der Schalldämpferunterseite ist eine kleine Öffnung vorhanden. Darin befindet sich eine Schraube, die den Schalldämpfereinsatz fixiert.

9.47 und 9.48 Nach dem Ausbau der Schraube kann der relativ lange Dämpfereinsatz mit einer Zange herausgezogen werden. Drehen und gleichzeitiges Ziehen löst die anhaftende Ölkohle und erleichtert den Ausbau.

9.49 Der ausgebaute Dämpfereinsatz wird mit einer Drahtbürste und Kaltreiniger von Ölkohle befreit. Das hitzebeständige Dämmmaterial hat sich jedoch aufgelöst und muss erneuert werden.

9.50 Hitzebeständige Dämmmatten sind nicht teuer und können mit einer Schere einfach zugeschnitten werden.

9.51 Zur Befestigung des Dämmmaterials dient dünner Bindedraht.

9.53 Die Dämmmatte wird eng um den Schalldämpfer gewickelt.

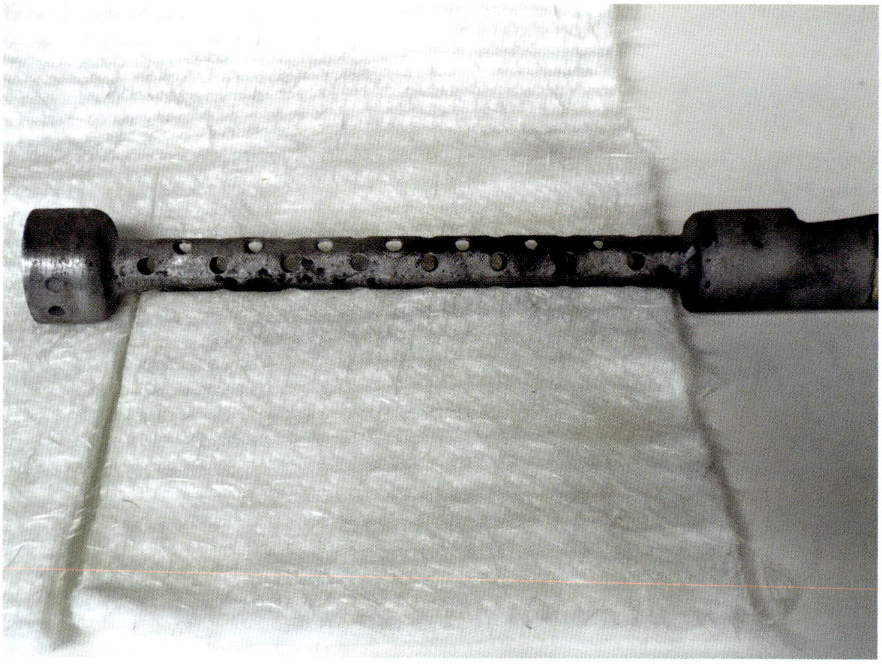

9.52 Durch das Reinigen des Dämpfereinsatzes sind alle Bohrungen wieder sichtbar. Anhand des Dämpfers kann die erforderliche Größe der Dämmmatte ermittelt werden.

9.54 Abschließend fixiert man die Dämmmatte mit dem Bindedraht. Überstehendes Dämmmaterial wird mit einer Schere abgeschnitten. Fertig für den Einbau in den Schalldämpfer.

Überprüfen Sie die Auspuffanlage auf Dichtheit. Falls Sie es schaffen, den Motor vor dem Zerlegen zum Laufen zu bringen, verschließen Sie mit einem Lappen das Schalldämpferende bei laufendem Motor. So können undichte Stellen schnell erkannt werden.

Die Verbindungsstellen innerhalb der Auspuffanlage und am Zylinderkopf sind üblicherweise mit Dichtungen versehen, die nach dem Ausbau immer ausgetauscht werden sollten.

9.55 Die Auspuffkrümmerdichtung am Zylinderkopf besteht meist aus Kupfer oder Aluminium und wird bei der Montage zusammengedrückt. Daher sollte sie immer erneuert werden.

9.56 Falls die originale Auspuffanlage nicht mehr zu beschaffen ist, muss man sich nach einer Alternative umsehen. Diese Schalldämpfer einer Honda CB 350 F stammen von einer Benelli 500. Sie passen optisch sehr gut zu der ursprünglichen 4-in-4-Optik des Motorrads.

Kapitel 10
Elektrische Anlage

Eine intakte Fahrzeugelektrik erspart Ihnen Startprobleme und Pannen, brenzlige Situationen durch nicht funktionierende Beleuchtungseinrichtungen und im schlimmsten Fall einen Kabelbrand. Sollte die elektrische Anlage an Ihrem Motorrad in einem sehr schlechten Zustand sein, ist ein neuer Kabelbaum oftmals die schnellste und beste Lösung – und unter dem Strich vielleicht sogar die preiswerteste.

Die meisten Störungen in der elektrischen Anlage lassen sich einfach durch den Austausch des betreffenden Bauteils beseitigen, wenn es denn als Ursache identifiziert werden konnte. Zündkerzen, Unterbrecherkontakte und Relais sind nicht teuer und können auch nicht instandgesetzt werden. Größere Komponenten wie der Anlassermotor können zumeist repariert werden. Durch die hohen Neupreise für solche Teile kann eine Instandsetzung eine sinnvolle Alternative sein.

FEHLER UND VORSORGEMASSNAHMEN

Beim Ausbauen von elektrischen Bauteilen sollte man vorsichtig mit den Steckern umgehen. Wie bereits erwähnt, darf zum Trennen von Steckverbindungen nur am Stecker bzw. Gehäuse und niemals am Kabel gezogen werden. So vermeidet man, dass die Kabel aus dem Kabelschuh herausgerissen werden.

Elektrische Fehler lassen sich grob in drei Kategorien einteilen:

1. Offener Stromkreis: Durch eine Kabelunterbrechung ist der Stromkreis nicht mehr geschlossen.

2. Kurzschluss: Das Kabel für die Stromzufuhr hat eine unzulässige Masseverbindung vor dem Verbraucher.

3. Massefehler: Das stromführende Kabel hat nach dem Verbraucher, aber vor dem Schalter eine unzulässige Masseverbindung. Dadurch lässt sich der Verbraucher nicht mehr steuern. Hupen sind häufig massegeschaltet und wenn das Kabel zum Schalter irgendwo eingeklemmt ist und dadurch Masse erhält, entsteht ein sehr nervender Dauerton.

Der bei Kurzschlüssen fließende hohe Strom führt zum Durchbrennen der Sicherung. Solange der Kurzschluss vorhanden ist, wird das immer wieder passieren. Ursachen für Kurzschlüsse können defekte Kabelisolierungen sein, weshalb die Kupferseele des Kabels mit masseführenden Teilen Kontakt erhält. Der Kurzschluss kann allerdings auch im Bauteil selbst vorliegen. Auch manche Glühlampendefekte können die Sicherung durchbrennen lassen.

Suchen Sie bei der Ursachenforschung unter dem Tank, der Sitzbank und im Lampengehäuse nach eingeklemmten Kabeln, die den Kurzschluss auslösen können.

Achten Sie auf Kabel, deren Isolierung schadhaft ist. Hier müssen besonders die Bereiche um den Lenkkopf, die Räder und die Kette kontrolliert werden. An falsch oder nachlässig verlegten Kabeln wird die Isolierung schnell durchgescheuert und es entstehen unzulässige Verbindungen untereinander oder gegen Masse.

Beim Zerlegen des Motorrads trennt man die Stecker einzeln und überprüft sie genau. An vielen Kabelschuhen werden im Lauf der Zeit Korrosionserscheinungen entstanden sein, die Übergangswiderstände verursachen. Einzelne Kabelschuhe kann man mit feinem Schleifpapier oder einem Glasfaserradierer (Technisches Zeichnen) reinigen, bei Kombisteckern erreicht man allerdings die einzelnen Kabelschuhe nicht so einfach. Kontaktspray hilft hier bei der Reinigung und bildet auch einen Korrosionsschutz. Generell sollten als Vorsorgemaßnahme alle getrennten Steckverbindungen mit Kontaktspray behandelt werden. Wenn Sie das konsequent durchführen, werden Sie später auch keine Probleme mit dem Kabelbaum haben.

Kontrollieren Sie, ob die Kabelschuhe auch mit genügend Vorspannung einrasten. Oftmals sind sie aufgeweitet und haben dadurch nur noch einen lockeren Sitz. Nachbiegen ist möglich, die optimale Lösung ist allerdings ein Austausch. Denn es kann sein, dass schon nach kurzer Zeit durch Materialermüdung der Stecker wieder lose ist. Dadurch entsteht ein Übergangswiderstand und die Stelle kann sich so stark erwärmen, dass die Isolierung schmilzt! Gleiches trifft für die Sicherungshalter zu. Oft fehlt die Abdeckung des Sicherungskastens, die Halter der Sicherungen werden durch äußere Einwirkung verbogen, die Sicherungen haben keinen richtigen Kontakt mehr. Eintretender Schmutz erledigt dann den Rest.

Überprüfen Sie den Kabelbaum auf Pfuschreparaturen wie schlecht verpresste Kabelschuhe, so genannte „Stromdiebe“ (nachträglich eingesetzte Schnellverbinder) oder Kabel, die einfach nur miteinander verdrillt und mit Isolierband umwickelt sind.

Nachträglich vorgenommene Isolierungen sind verdächtig und sollten geöffnet werden.

Die meisten Fehler an der elektrischen Anlage älterer Motorräder lassen sich mit einer Prüflampe und einem Multimeter finden. Eine Prüflampe ist nichts anderes als eine 12-Volt-Lampe mit einem positiven und nega-

10.1 Für Arbeiten an der elektrischen Anlage ist ein Multimeter unverzichtbar

tiven Anschluss. Damit lässt sich schnell und einfach überprüfen, ob Spannung anliegt. Wenn die Lampe nicht leuchtet, liegt keine Spannung an – einfacher geht es nicht. Damit lassen sich Unterbrechungen in einem Kabelstrang gut lokalisieren. Ein Multimeter kann das natürlich auch und bietet zudem weitere Funktionen. Damit lassen sich Spannung, Strom, Widerstand und je nach Gerät noch weitere Größen messen.

Bevor Sie mit dem Multimeter arbeiten, sollten Sie dessen Bedienungsanleitung sorgfältig durchlesen. Damit vermeiden Sie Schäden am Gerät und Messobjekt.

Falls Sie eine längere Reise unternehmen wollen, sollten neben dem normalen Werkzeugsatz noch folgende Hilfsmittel und Ersatzteile für Arbeiten an der elektrischen Anlage eingepackt werden:

- Klebeband
- Ersatzglühlampen, stoßgeschützt verpackt
- Kabelsteckerzange
- Kabelsteckersortiment
- Ersatzsicherungen
- Kabelbinder
- Prüflampe
- Kopie vom Schaltplan

BATTERIE

Die Batterie dient als „Stromspeicher" und stellt elektrische Energie bereit, wenn der Motor abgestellt ist. Sobald der Motor läuft, wird sie von der Lichtmaschine (Generator) wieder aufgeladen. Darüber hinaus hat sie noch eine Pufferwirkung und gleicht Spannungsspitzen oder einen kurzzeitigen hohen Stromverbrauch in der elektrischen Anlage aus. Eine gut gewartete Batterie kann etliche Jahre problemlos funktionieren.

Moderne Motorräder haben fast ausschließlich wartungsfreie Batterien. Diese so genannten MF-Batterien (MF = Maintanance

10.2 Eine solche moderne, versiegelte 12-V-Gel-Batterie ist praktisch wartungsfrei, ein Nachfüllen von destilliertem Wasser ist nicht mehr erforderlich.

Free) werden nach dem Befüllen mit Elektrolyt versiegelt und dürfen auch nicht mehr geöffnet werden. Im Umgang mit den Batterien sind ein paar einfache Regeln einzuhalten, damit sie lange und zuverlässig funktionieren.

Kaufen Sie sich ein Batteriedauerladegerät (z. B. Akku-Jogger) und schließen Sie es an die Batterie an, wenn Sie das Motorrad zum Beispiel für eine Woche abstellen. Es überwacht die Batteriespannung und lädt gegebenenfalls nach. Auch gute Geräte sind schon für wenig Geld zu bekommen.

Falls Sie das Motorrad für die Winterpause einmotten, sollten Sie die Batterie ausbauen und an einem trockenen und kühlen Ort einlagern. Schließen Sie das Dauerladegerät an und kontrollieren Sie regelmäßig den Ladezustand.

Lassen Sie das Motorrad nicht für längere Zeit im Leerlauf laufen. Die meisten Lichtmaschinen von älteren Motorrädern liefern erst bei etwas erhöhter Drehzahl einen ausreichenden Ladestrom. Daher entleert sich bei längeren Leerlaufphasen langsam die Batterie.

SCHALTPLÄNE

Für eine schnelle und erfolgreiche Fehlersuche ist ein Schaltplan unbedingt erforderlich. Er ist normalerweise im Werkstatthandbuch zu finden. Studieren Sie ihn eingehend, bevor Sie mit der Fehlersuche beginnen, das erspart Ihnen später Zeit.

Denken Sie immer daran, dass nicht isolierte spannungsführende Leitungen eine potenzielle Kurzschluss- und Brandgefahr darstellen!

Natürlich ist man bestrebt, die Kosten für die Restaurierung möglichst im Rahmen zu halten. Aber manchmal ist die Verkabelung in einem so schlechten Zustand, dass der Kauf eines neuen Kabelbaums die einzig vernünftige Lösung darstellt. Falls kein neues Originalteil mehr erhältlich ist, muss man auf eine Nachfertigung zurückgreifen. Dafür gibt es entsprechende Adressen in Fachzeitschriften wie *Oldtimer-Markt* und *Oldtimer-Praxis*. Ein Kabelbaum kann aus mehreren Teilkabelbäumen bestehen und vielleicht reicht ein solcher Kabelbaumabschnitt bereits aus. Unter Umständen kann mit Hilfe des Schaltplans und eines befreundeten Elektrikers der Kabelbaum auch in Eigenregie angefertigt werden.

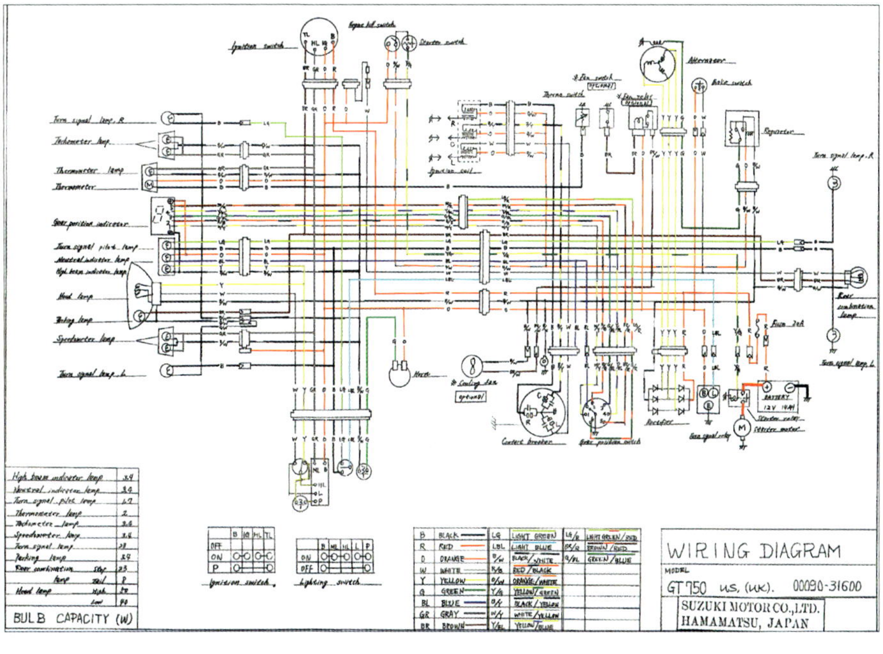

10.3 Farbiger Schaltplan einer Suzuki GT 750 (Bild: Suzuki)

10.4 Hier haust der Kupferwurm! Die nachlässige Kabelverlegung und Pfuschreparaturen werden immer wieder für Probleme sorgen.

10.5 Ein neuer Kabelbaum gewährleistet für Jahre eine einwandfrei funktionierende elektrische Anlage. Glücklicherweise war für das Restaurierungsobjekt (Suzuki GT 750) noch ein Originalkabelbaum erhältlich. Das erhöht die Gewissheit, unterwegs nicht mit einem elektrischen Problem liegen zu bleiben.

10.6 So sieht ein vorbildlicher Kabelbaum aus: Ordentlich verlegt, tadellose Stecker und keine geflickten Kabel.

10.7 Reinigen Sie die Kontakte im Lampengehäuse und überprüfen Sie die Masseverbindungen.

10.8 Dieses Lampengehäuse wurde zu einer Prüflampe umfunktioniert und eignet sich perfekt für eine einfache Fehlersuche.

10.9 Eine der häufigsten Fehlerursachen in der elektrischen Anlage sind fehlerhafte Masseverbindungen, besonders bei lackierten oder pulverbeschichteten Rahmen. Der Masseanschluss muss bis auf den blanken Stahl abgeschmirgelt werden, zusätzlich sollte man noch das Gewinde der Masseschraube reinigen.

10.11 Fehlerhafte Unterbrecherkontakte sind die häufigste Ursache für Zündungsprobleme an klassischen Motorrädern. Verschmutzte Kontaktflächen oder ein falscher Kontaktabstand führen dazu, dass der Motor aussetzt oder gar nicht mehr anspringt. Daher sollten zumindest die Kontaktflächen gereinigt und der Abstand gemäß den Angaben im Werkstatthandbuch eingestellt werden.

10.10 Bevor Sie Stunden mit der Fehlersuche verbringen, sollten Sie zuerst die Sicherungen kontrollieren. Dieser banale Fehler wird gerne vergessen. Legen Sie einige Ersatzsicherungen für Notfälle in Ihr Bordwerkzeug.

10.12 Überprüfen Sie die Kontaktflächen auf Grübchenbildung. Der beim Öffnen der Kontakte entstehende Funken reißt aus der einen Kontaktfläche Partikel heraus, die sich auf der anderen Fläche anlagern. Solche Kontakte müssen ersetzt werden.

ZÜNDSYSTEM

Die meisten klassischen Motorräder haben eine kontaktgesteuerte Batteriespulenzündung, die eine regelmäßige Kontrolle und Einstellung des Unterbrecherkontakts und des Zündzeitpunkts erfordern. Ende der 70er Jahre kamen die ersten elektronischen Zündanlagen auf, bei denen sich die Wartungsarbeiten auf die Kontrolle des Zündzeitpunkt beschränkt.

Unterbrecherkontakte sind wichtige Teile der kontaktgesteuerten Zündanlage und kosten auch nicht viel. Sie sollten bei der Restaurierung grundsätzlich erneuert werden. Ihre Verfügbarkeit ist gut und ihr Einbau problemlos zu meistern. Gemeinsam mit dem Unterbrecherkontakt sollte stets auch der Kondensator erneuert werden.

10.13 Diese Zündgrundplatte wurde mit drei neuen Kontakten und Kondensatoren bestückt. Das kleine Filzstück wird zum Schmieren des Unterbrechernockens mit einigen Tropfen dünnem Öl getränkt.

10.15 Der eigentliche Zündfunke wird von der Zündspule erzeugt. Sollte sie fehlerhaft sein, muss sie ersetzt werden, da sie nicht repariert werden kann. Meistens ist sie unter dem Tank angebracht und funktioniert über Jahre problemlos.

10.16 Manche Zündkerzenstecker haben zur Funkentstörung einen internen Widerstand. Mit einem Multimeter kann dieser gemessen werden. Ist er zu hoch oder weist der Zündkerzenstecker andere Beschädigungen auf, muss er erneuert werden.

10.14 Bauen Sie immer einen neuen Satz Zündkerzen ein. Selbst eine akkurat eingestellte Zündung kann nicht richtig funktionieren, wenn die Zündkerzen in einem schlechten Zustand sind.

10.17 Achten Sie auf einen guten Kontakt zwischen Zündkerzenstecker und Zündkabel. Ansonsten kann eine Vorfunkenstrecke entstehen, die den eigentlichen Zündfunken schwächt. Durch Kürzen des Kabelendes kann das Kupferkabel wieder freigelegt werden. Aber schneiden Sie nicht zu viel ab, da ansonsten das Kabel nicht mehr bis zum Zündkerzenstecker reicht.

LADE- UND STARTSYSTEM

Die möglichen Instandsetzungsarbeiten am Lade- und Startsystem halten sich in Grenzen. Am Anlassermotor kann man die Kohlebürsten erneuern; gleiches trifft auch für die Lichtmaschine zu, sofern dort bauartbedingt noch Kohlen vorhanden sind. Alle übrigen Komponenten müssen im Schadensfall getauscht werden.

Generell arbeiten das Lade- und Startsystem über lange Zeit sehr zuverlässig und Probleme treten eher seltener auf. Die Bauteile, die für Störungen ursächlich sein können, werden hier aufgeführt. Am häufigsten sind jedoch schlechte Kabelverbindungen die Fehlerursache.

10.18 Falls der elektrische Anlasser nicht funktionieren sollte, kann der Magnetschalter die Ursache dafür sein. Er schaltet den Strom von der Batterie zum Anlassermotor. Wenn der Starterknopf gedrückt wird, sollte er hörbar klicken. Ist das nicht der Fall, überprüfen Sie das gemäß der Anleitung im Werkstatthandbuch.

10.19 Viele ältere Blinkrelais arbeiten lastabhängig, d. h. die Wattzahl der Blinkerleuchten muss einen bestimmten Wert einhalten. Werden falsche Glühlampen oder LED-Blinker montiert, ändert sich die Blinkfrequenz oder der Blinker funktioniert überhaupt nicht mehr. Unter dem Blinkrelais ist der Gleichrichter erkennbar. Ist er defekt, wird die Batterie nicht mehr korrekt geladen.

10.20 Der Spannungsregler verhindert eine zu hohe Ladespannung. Eine überladene Batterie kann auf einen defekten Spannungsregler zurückzuführen sein.

10.21 An dieser Lichtmaschine sind noch Kohlebürsten vorhanden. Sie befinden sich in dem linken schwarzen Kästchen, das mit zwei Kreuzschlitzschrauben befestigt ist. Kohlebürsten sind Verschleißteile und müssen nach Herstellervorgabe überprüft und ersetzt werden.

10.22 Auch der elektrische Anlasser hat Kohlebürsten – sie sind einfach auszutauschen.

10.23 Nach dem Entfernen der beiden Schrauben können das Anlassergehäuse geöffnet und die Kohlebürsten freigelegt werden.

10.24 Die Kohlebürsten werden über Federn auf den Rotor gedrückt. Im Werkstatthandbuch ist das Verschleißmaß dafür angegeben; in diesem Fall 10 mm.

10.25 Sehr häufig ist der Rotor mit dem Abrieb der Kohlebürsten verschmutzt. Mit Bremsenreiniger und Druckluft lassen sich diese Rückstände beseitigen.

Kapitel 11

Lackierung, Aufkleber und Embleme

Viele Teile Ihres Restaurierungsprojektes werden ursprünglich lackiert gewesen sein. Die Witterungseinflüsse und der Fahrbetrieb haben ihre Spuren hinterlassen, die Lackierung ist ausgeblichen und verkratzt. In diesem Kapitel werden die verschiedenen Arbeitsschritte beschrieben, die als Voraussetzung für eine gute Lackierung erforderlich sind.

11.1 Diese Yamaha RD 350 ist hervorragend lackiert und auch mit korrekt angebrachten Aufklebern versehen. An den Tank und die Seitendeckel wird immer gedacht, aber nebensächliche Teile wie Lampenhalter oder Standrohrabdeckungen werden gerne vergessen.

Diese Teile sind gewöhnlich lackiert:

- Kraftstofftank
- Seitendeckel
- Rahmen
- Hinterradschwinge
- Seiten- und Hauptständer
- Fußrastenaufnahmen
- Obere und untere Gabelbrücke
- Hintere Bremsmomentabstützung
- Batteriehalter
- Luftfiltergehäuse
- Scheinwerferhalter
- Standrohrhülsen
- Scheinwerfergehäuse
- Bremszangen
- Tachometer- und Drehzahlmessergehäuse
- Sitzbankrahmen
- Lenkerschalter
- Motorhalteplatten

Die Auflistung verdeutlicht, wie viele Teile lackiert werden müssen, wenn das Motorrad wie neu aussehen soll. Die vorbereitenden Arbeiten und das anschließende Lackieren sind im Prinzip für alle zu behandelnden Teile mehr oder weniger identisch. Falls das zu lackierende Teil mit Aufklebern versehen ist, muss ihre Lage vor Beginn der Arbeiten genau bestimmt werden. Machen Sie aussagekräftige Fotos, damit sie später wieder an derselben Stelle angebracht werden können. Zusätzlich können noch bestimmte Abstände der noch vorhandenen Aufkleber zu markanten Punkten gemessen werden.

Das Verarbeiten von Zwei-Komponenten-Lacken ist sehr aufwändig und eigentlich ein klarer Fall für den Profi, der über entsprechendes Equipment (Kompressor, Sprühpistole, Lackierkammer, entsprechende Schutzausrüstung) verfügt. Allerdings sind solche Lacke auch widerstandsfähiger und hochglänzender polierbar als andere Farben.

Für den Hobby-Schrauber sind Sprühdosen besser geeignet. Arbeiten Sie nicht in der Nähe von offenem Feuer oder Funken und tragen Sie immer eine Schutzmaske. Fragen Sie bei Ihrem Lieferanten nach, welche Maske am besten für das von Ihnen verarbeitete Produkt geeignet ist.

Auch beim Schleifen muss immer eine Staubschutzmaske getragen werden, denn der Schleifstaub ist gesundheitsschädlich.

WERKZEUGE UND MATERIAL

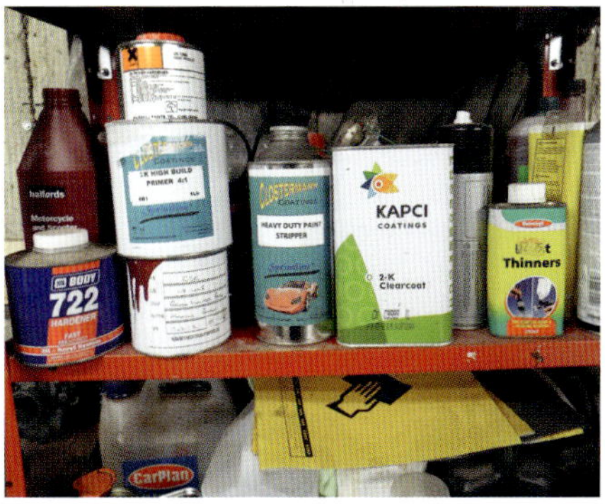

11.2 Für Lackierarbeiten sind viele Materialien erforderlich. Falls keine Lackierausrüstung vorhanden ist, lassen sich die relativ kleinen Motorradteile auch mit Sprühdosen gut lackieren.

Vorbereitung

Schleifmaschine, Füller, Spachtelmasse, Schleifpapier in der Körnung 120, 240 und 500 sowie Staubschutzmaske, Reinigungsmittel.

Grundierung

Grundierungs-Sprühdose oder Kompressor, Spritzpistole, Grundierung, Verdünner, Klebeband, Atemschutzmaske sowie entsprechende Filter, falls Sie mit einer Spritzpistole arbeiten.

Decklack

Die gleichen Utensilien wie für die Grundierung, zusätzlich Decklack, Schleifpapier der Körnung 1200 und Poliermittel.

Ein Kraftstofftank dient jetzt als Anschauungsobjekt für die Erklärung der Arbeiten. Da der Tank die meisten Blicke auf sich zieht, ist hier ein gutes Ergebnis besonders wichtig.

Nachdem der Tank innen gründlich gereinigt und vollständig entleert wurde (siehe Kapitel 9), entfernt man den Tankdeckel, Benzinhahn und alle Embleme und Aufkleber, so dass nur noch der Blechkörper vorhanden ist.

Da es sich hier um ein Buch für Restaurierungs-Einsteiger handelt, wird davon ausgegangen, dass die Lackierung mittels Sprühdosen erfolgt. Bei den einschlägigen Firmen kann die gewünschte Farbe in Sprühdosen abgefüllt bestellt werden, denn die zu lackierenden Flächen eines Motorrads sind relativ klein und rechtfertigen nicht unbedingt den Kauf einer kompletten Lackierausrüstung. Die vorbereitenden Arbeiten hängen aber nicht von der späteren Lackiermethode ab und sind identisch.

LACKENTFERNUNG

Eine sorgfältige Vorbereitung ist entscheidend für die Qualität der finalen Lackoberfläche. Sollten die wesentlichen Bauteile – wie zum Beispiel der Kraftstofftank – in einem schlechten Zustand sein, lohnt es sich auf alle Fälle, mehr Zeit zu investieren und ihn bis auf das blanke Metall abzuschleifen. Das Vorbereiten eines schlechten Untergrunds für die Lackierung dauert nämlich fast genauso lang und resultiert in einem deutlich schlechteren Ergebnis.

Chemische Lackentferner sind sehr aggressiv. Befolgen Sie unbedingt die Anweisungen des Herstellers, tragen Sie immer Handschuhe und Schutzbrille und sorgen Sie für eine gute Belüftung. Wenden Sie diese Mittel nicht auf Kunststoffteilen an. Die Vorgehensweise ist ab Bild 11.4 beschrieben.

Danach wird das Teil gründlich mit Wasser (es neutralisiert den Lackentferner) abgewaschen und getrocknet.

Mit einem Karosserie-Füller können nun leichte Unebenheiten beseitigt werden. Beachten Sie die Verarbeitungshinweise und tragen Sie den Füller großzügig, aber nicht übermäßig dick auf die Tankoberfläche auf. Falls die Unebenheiten zu groß sind, bringen Sie mehrere Schichten auf. Lassen Sie anschließend den Füller gut aushärten. Nach dem Aushärten werden die aufgefüllten Stellen mit Sandpapier geschliffen (Schutzmaske und Schutzbrille tragen!). Beginnen Sie mit relativ grobem Papier der Körnung 120, um die Kontur zu formen. Sie können dabei auch einen Schleifklotz verwenden, um den das Schleifpapier gewickelt wird. Nachdem die erforderliche Kontur vorhanden ist, fahren Sie in mehreren Arbeitsgängen mit immer feinerem Schleifpapier fort. Nach Papier der Körnung 120 verwenden Sie 240er, 500er und schließlich 1200er. Halten Sie das Papier beim Schleifen immer nass, weil damit das Zusetzen mit Schleifstaub weitgehend verhindert wird.

11.3 Im Autobereich werden diverse Lackentferner angeboten. Diese können natürlich auch für andere Metallteile verwendet werden, die von Farbe befreit werden sollen.

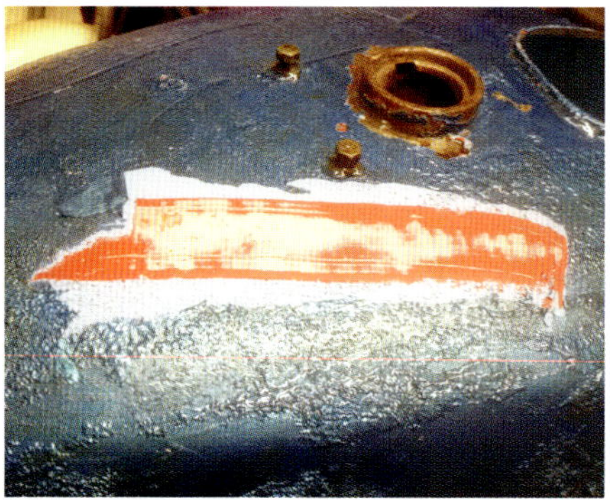

11.4 Pinseln Sie die Stellen ein, die von Lack befreit werden sollen. Nach kurzer Zeit bilden sich Blasen und der Lack beginnt sich abzulösen. Mit einem Schaber kann er dann abgekratzt werden.

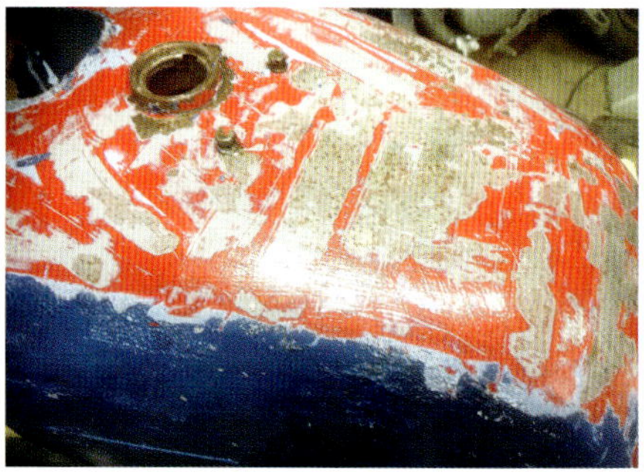

11.5 Damit lässt sich fast die gesamte alte Farbe entfernen. Schwierig zu erreichende Stellen erfordern eventuell einen zweiten Auftrag; enge Stellen kann man mit einer kleinen Drahtbürste oder Stahlwolle bearbeiten.

11.6 Nachdem das Teil abgewaschen wurde, untersucht man es näher. Vorhandene Dellen und Unebenheiten werden mit Füller ausgeglichen, um die ursprüngliche Form wieder herzustellen.

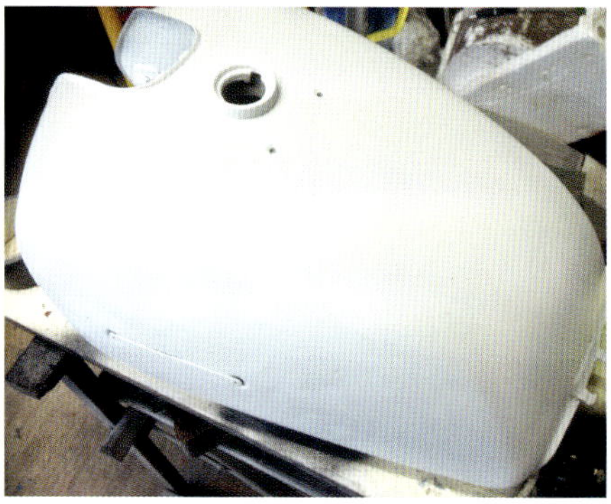

11.7 Dieser Tank wurde nach dem Füllern geschliffen und hat die erste Grundierungsschicht erhalten. Das Spritzen sollte nur in gut belüfteten Räumen stattfinden. Der Sprühnebel darf nicht eingeatmet werden, tragen Sie dabei die richtige Atemschutzmaske. Hersteller-anweisungen beachten!

11.8 Nach dem Auftrag der ersten Grundierungsschicht wurde dieser Tank geschliffen.

11.10 Nachdem einige Lagen Grundierung aufgetragen wurden, können kleine Unregelmäßigkeiten erkannt und beseitigt werden.

11.11 Mit Feinspachtel werden die Stellen aufgefüllt und anschließend mit feinem Sandpapier bearbeitet, bis sie wieder glatt sind. Tragen Sie anschließend eine oder zwei Schichten Grundierung auf.

11.9 Suchen Sie sich eine stabile Unterlage, auf dem das zu lackierende Teil abgelegt werden kann. Noch besser ist es, das Teil an einem festen Draht aufzuhängen, so wie diese Hinterradschwinge. Dadurch erreicht man beim Lackieren alle Stelle, ohne das Teil drehen zu müssen.

Falls Sie den Tank nicht aufhängen können, beginnen Sie an der Unterseite. Nachdem die Schicht getrocknet ist, drehen Sie den Tank und bearbeiten die Oberseite. Beachten Sie sowohl beim Spritzen der Grundierung als auch des Decklacks, dass die zuletzt aufgetragene Schicht völlig trocken ist, bevor Sie die nächste aufbringen. Ansonsten entstehen Lackläufer (die so genannten „Nasen"), die mühsam beseitigt werden müssen.

Nach diesem Arbeitsschritt sollte die Oberfläche vollständig grundiert und völlig glatt sein. Falls immer noch sehr kleine Kratzer oder leichte Dellen vorhanden sind, können diese mit feinem Füller oder Feinspachtel ausgeglichen werden. Zum Auftragen dient ein kleiner Spachtel. Nach Aushärtung der Spachtelmasse wird die Stelle wieder verschliffen. Nachdem der Tank komplett grundiert und vollkommen glatt ist, kann nun der Decklack aufgebracht werden.

Vor diesem Decklackauftrag müssen die zu lackierenden Stellen wieder sorgfältig von Schleifstaub oder sonstigen Verunreinigungen gesäubert werden.

Sollten Sie mit dem Endergebnis zufrieden sein, können Sie sich selbst beglückwünschen.

11.12 Dieser Kratzer wurde mit Feinspachtel aufgefüllt.

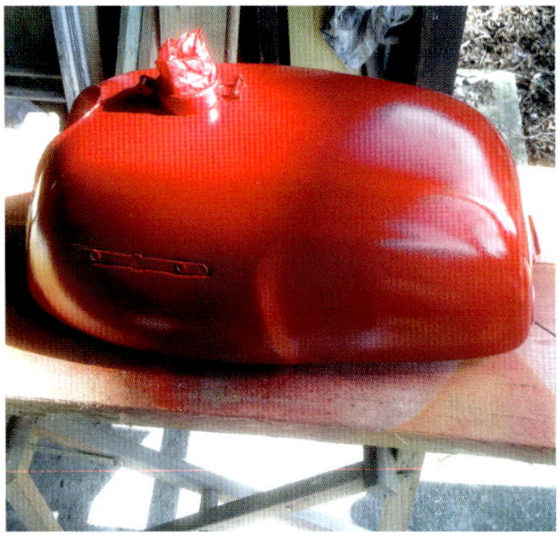

11.13 Spritzen Sie zwei oder drei dünne (!) Schichten Decklack, warten Sie aber zwischen den einzelnen Durchgängen, bis die vorherige Schicht komplett getrocknet ist. Begutachten Sie das Resultat: Sind Staubeinschlüsse oder Lackläufer zu sehen? Ist auf der Oberfläche ein Orangenhauteffekt entstanden? In allen Fällen bedeutet das eine erneute Bearbeitung mit feinem Schleifpapier.

Andernfalls verzagen Sie nicht, wenn es nicht ganz so geklappt hat, wie Sie sich vorgestellt haben. Es war schließlich der erste Versuch und da ist es immer schwierig, ein gutes Resultat zu erzielen – mit mehr Übung kommen auch bessere Ergebnisse.

Lackläufer, Staubeinschlüsse und Orangenhaut kommen vor und können beseitigt werden. Bei Läufern schleift man die betroffenen Bereiche ab und lackiert sie nach.

Ein Orangenhauteffekt kann mit sehr feinem Schleifpapier nach dem vollständigen Aushärten des Lacks glattgeschliffen werden. Halten Sie die Zeitvorgaben ein, die der Farbhersteller angibt. Vor dem Nacharbeiten muss der Lack vollständig ausgehärtet sein.

Mit ein wenig Feinarbeit sieht Ihr Tank schließlich ordentlich aus. Falls Sie eine Metallic-Farbe verarbeiten, sollten noch zwei Schichten Klarlack gespritzt werden, um einen satten Glanz zu erhalten. Natürlich kann auch der Klarlack geschliffen und geglättet werden, aber warten Sie damit – wie beim Decklack – bis er vollständig ausgehärtet ist.

Nach dem Aushärten der letzten Schicht, egal ob Deck- oder Klarlack, wird der Tank mit feiner Schleifpaste auf Hochglanz poliert. Vorsicht: Achten Sie beim Polieren darauf, dass dabei keine Fremdkörper auf der Oberfläche vorhanden sind, die Ihre mühevolle Arbeit verkratzen.

Nach dem Lackieren werden die Embleme und Aufkleber angebracht, um dem Motorrad den letzten Schliff zu geben.

AUFKLEBER

An allen Motorrädern sind Aufkleber vorhanden. Manche dienen zur Verschönerung, wie zum Beispiel Zierstreifen, auf anderen stehen Informationen zum Reifendruck oder Kettendurchhang.

Um das Motorrad möglichst original aussehen zu lassen, sollten Sie versuchen, alle an diesem Typ angebrachten Aufkleber wieder zu beschaffen. Teilweise sind sie noch vom Hersteller erhältlich, viele sind aber mittlerweile vergriffen. Da aber eine Nachfrage dafür vorhanden ist, bieten einige Firmen exakte Kopien der originalen Aufkleber als Nachfertigung an.

11.14 Die Seitendeckel und Standrohrabdeckungen wurden gemeinsam mit dem Tank lackiert.

11.15 Vergessen Sie nicht, auch die kleineren Bauteile wie Ständer oder Halterungen zu lackieren.

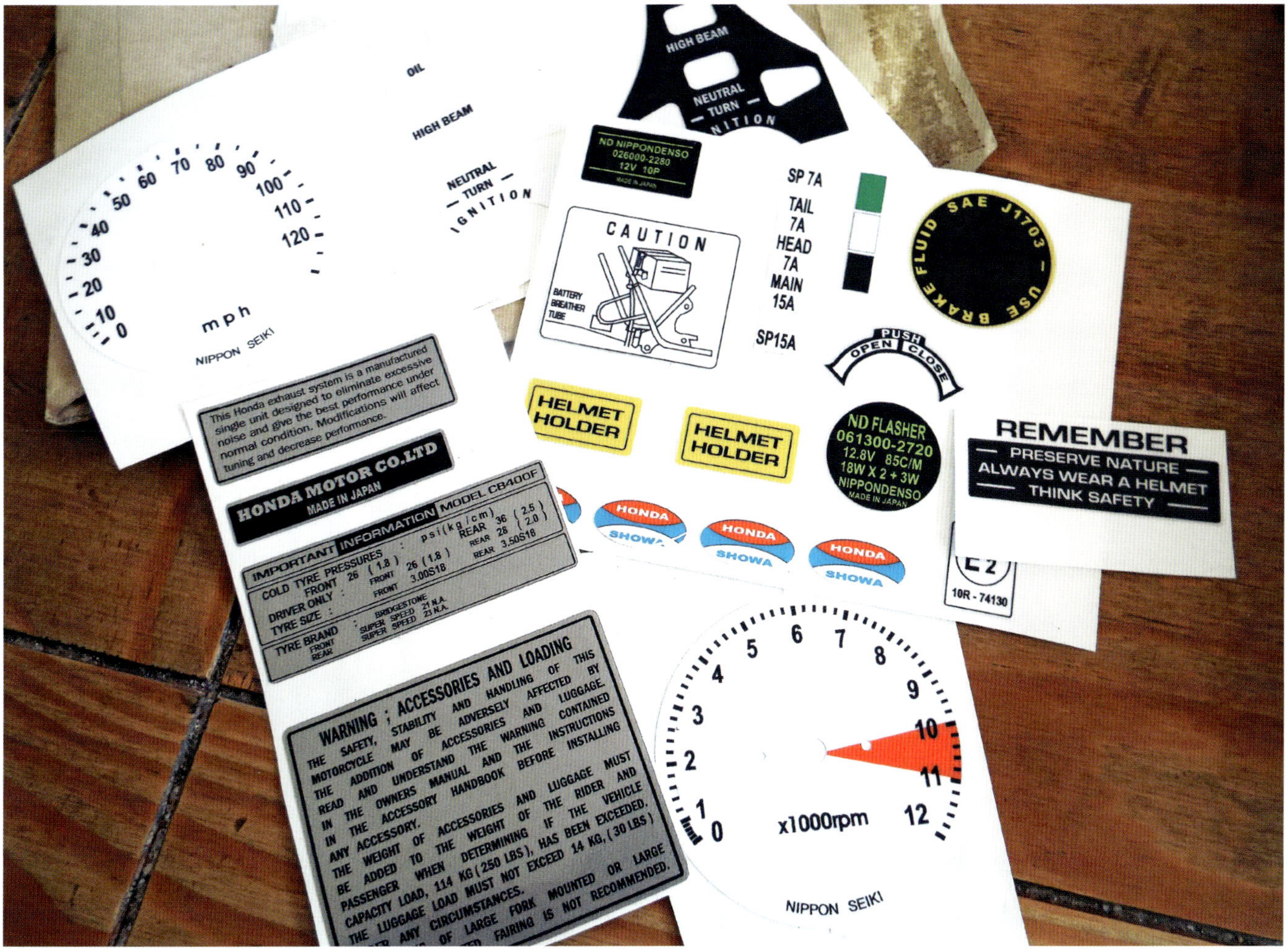

11.16 Alles dabei: ein Aufklebersatz für eine Honda CB 400F.

Die meisten Aufkleber sind kleine Etiketten, die von einem Trägerpapier abgezogen und am Motorrad angebracht werden. Vinylaufkleber sind deutlich aufwändiger und schwieriger in der Herstellung.

Die Aufkleber können entweder nass oder trocken angebracht werden. Die Vorgehensweise ist dabei ähnlich, allerdings hat das Anbringen mit Wasser den Vorteil, dass man mehr Möglichkeiten für Korrekturen hat.

Die wichtigsten Regeln

Halten Sie zuerst einmal den Aufkleber mit noch geschützter Klebefläche an die vorgesehene Stelle, um einen grundsätzlichen Eindruck zu erhalten.

Nehmen Sie sich Zeit. Hektik und Ungeduld führen nur zu Fehlern.

Diese Werkzeuge sind erforderlich:

- Bastelmesser oder Skalpell
- Spritzflasche
- Fusselfreier Lappen

11.17 Die Zierstreifen machen am Anfang keinen sehr vertrauenserweckenden Eindruck, weil sie entweder gefaltet oder gerollt geliefert werden. Durch Ausbreiten auf einer ebenen Unterlage nehmen sie ihre ursprüngliche Form wieder an. Das ist wichtig, damit sie sich beim späteren Anbringen nicht abheben.

11.18 Bevor Sie die alten Streifen entfernen, legen Sie einen Fixpunkt fest (hier im Bild mit Hilfe einer Pappe), von dem aus Sie die Abstände messen und dokumentieren können. So gibt es beim Wiederanbringen der Zierstreifen keine Probleme.

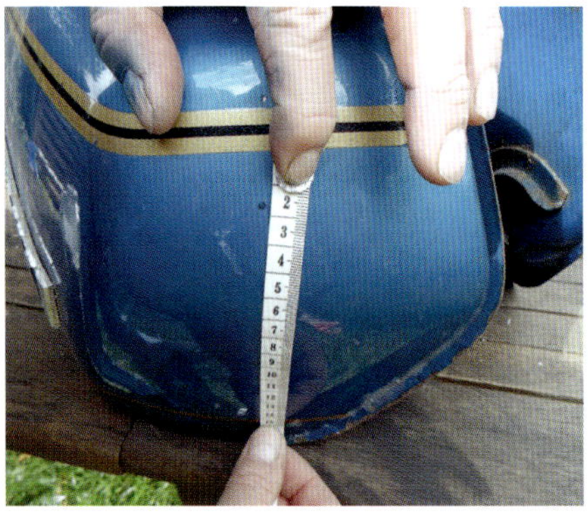

11.19 Falls mehr als ein Streifen vorhanden ist, messen Sie auch die Abstände untereinander und notieren sie sich.

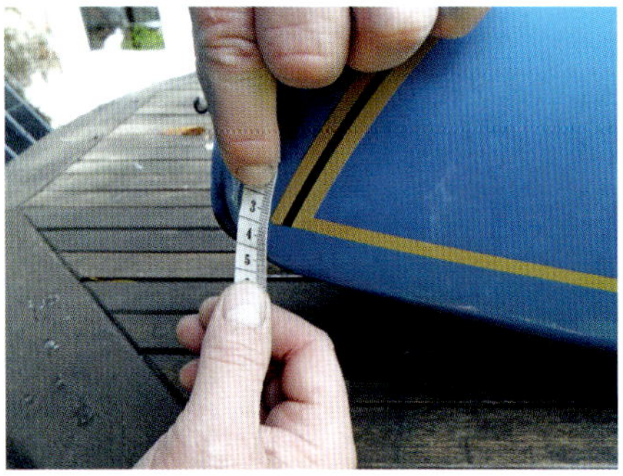

11.20 Messen Sie an möglichst vielen Stellen. Je mehr Abstände sie ermitteln, umso genauer kann der Aufkleber angebracht werden.

Bevor Sie das Trägerpapier vom Aufkleber abziehen, schneiden Sie es an den Enden so nahe wie möglich am Aufkleber ab. Passen Sie dabei auf, ihn nicht zu beschädigen.

Geben Sie zwei Tropfen Spülmittel in die Spritzflasche, füllen Sie diese mit kaltem Wasser und benetzen Sie mit dieser Lösung den Tank.

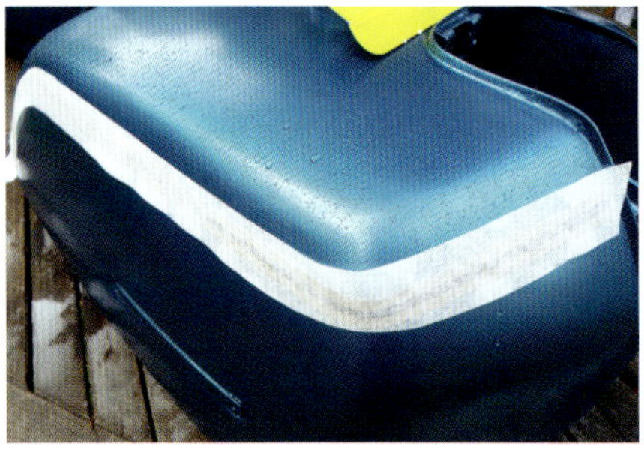

11.21 Bringen Sie am lackierten Tank mit einem Stift Markierungen an den zuvor bestimmten Stellen an. Damit lässt sich die richtige Position einfacher finden. Benetzen Sie dann den Tank mit einer Spülmittellösung aus einer Spritzflasche.

Ziehen Sie das Trägerpapier vom Aufkleber ab und legen Sie ihn an den Markierungen an. Sobald Sie die richtige Position gefunden haben, drücken Sie ihn fest an. Gehen Sie dabei vorsichtig vor, damit der Aufkleber nicht beschädigt wird.

11.22 Nach dem Andrücken wird das Deckpapier abgezogen und der Aufkleber freigelegt.

11.23 Mit einem fusselfreien Tuch wird der Bereich getrocknet.

11.24 Falls zwei Aufkleber aneinanderstoßen, lassen Sie diese in einer Ecke überlappen und passen die Kante mit einem scharfen Messer/Skalpell an.

11.25 Geschafft, der Aufkleber sitzt perfekt! Wenn der Tank noch ein paar Schichten Klarlack erhalten hat, wird er wieder wie neu aussehen.

EMBLEME

Ein Emblem zeigt meist die Modellbezeichnung oder ein Teil davon. Damit wird auf ein besonderes Merkmal des Motorrads hingewiesen, wie zum Beispiel der Hubraum, die Motorenbauart oder Modellvariante.

Ein originaler Emblemsatz in gutem Zustand ist – egal für welche historische Maschine – mittlerweile schwer zu finden, daher werden sie auf Teilemärkten oder bei Internetauktionen relativ teuer gehandelt.

Auch hier gibt es Nachfertigungen, die aber oft von zweifelhafter Qualität sind. So stimmen teilweise die Positionen der Befestigungszapfen nicht mit den Bohrungen in den Seitendeckeln überein. Dem Käufer bleibt nichts anderes übrig, als die Zapfen abzuschneiden und das Emblem anzukleben. In Anbetracht des recht hohen Verkaufspreises eine unbefriedigende Lösung.

Gebrauchte Embleme aus Metall oder Leichtmetall lassen sich mit etwas Geschick wieder in einen ansehnlichen Zustand versetzen.

11.26 Ein kleines Kunstwerk ist das Emblem der Honda CB 350 Four. An modernen Motorrädern haben einfache Aufkleber die aufwändigen Typenschriftzüge ersetzt. Bei klassischen Motorrädern waren sie ein wesentliches Gestaltungselement und aus Metall, Leichtmetall oder Kunststoff hergestellt.

11.27 Neu lackiert und mit allen Aufklebern und Emblemen versehen ist diese CB 350 Four ein richtiges Schmuckstück.

Kapitel 12
Instrumente und Schalter

Die Instrumente und Schalter eines Restaurierungsobjektes erfordern fast immer eine Überarbeitung. Die Farbe an den Schaltereinheiten ist abgescheuert und stumpf, die Instrumenteneinfassungen sind rostig und die Zifferblätter durch die Sonneneinstrahlung ausgeblichen. Hier gibt es einiges zu tun ...

Sehen Sie sich den Lenkerschalter etwas genauer an. Bewegen sich die einzelnen Schalter noch? Fehlen Knöpfe oder Abdeckungen? Sind alle Kabel und Stecker vorhanden?

Nachdem Sie den Lenkerschalter vom Motorrad abgebaut haben, richten Sie sich auf der Werkbank einen sauberen Arbeitsplatz ein. Einige Teile der Schalter sind sehr klein, daher ist eine gute Ausleuchtung wichtig. Die Raststellungen werden häufig mit kleinen Federn und Kugeln erzeugt, deshalb müssen Sie beim Zerlegen der Schalter sehr vorsichtig vorgehen.

Fotografieren Sie die einzelnen Schritte beim Auseinanderbauen. Eine Schaltereinheit ist schnell zerlegt und wenn Sie keine Notizen oder Bilder gemacht haben, kann es später schwierig werden, die einzelnen kleinen Teile zuzuordnen.

Da es keine Ersatzteile gibt, wird in den Werkstatthandbüchern das Zerlegen einer Schaltereinheit auch nicht behandelt. Deshalb müssen Sie wissen, wo alles hingehört.

Nachdem alles zerlegt ist, können die einzelnen Teile gründlich gereinigt werden. Befreien Sie die Kupferkontakte von jeglichen Ablagerungen und bearbeiten Sie die Kontakt-

12.1 Dieser Lenkerschalter einer Suzuki ist in einem schlechten Zustand. Einige Knöpfe fehlen, Schalter sind verbogen und die Farbe blättert ab.

12.2 Meist werden die beiden Schalterhälften durch zwei Schrauben an der Unterseite zusammengehalten. Achten Sie beim Abnehmen auf abgebrochene Teile oder Federn, die herausfallen können.

12.3 Trennen Sie den Kombistecker der Schaltereinheit. Er befindet sich häufig im Lampengehäuse.

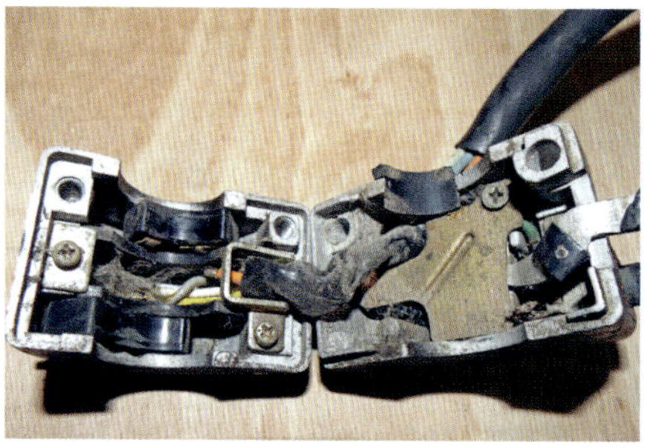

12.4 Auf der Werkbank wird der Schalter geöffnet. Häufig ist er innen reichlich verschmutzt. Zerlegen Sie ihn vorsichtig und entfernen Sie alle Teile aus den Gehäusehälften.

12.5 So sieht ein zerlegter Lenkerschalter aus. Verwenden Sie unbedingt einen passenden Schraubendreher für die kleinen Schrauben. Die kleinen Kreuzschlitzköpfe sind extrem schnell rund gedreht, wenn hier die falsche Größe angesetzt wird. Mit dem richtigen Werkzeug und Festhalten des Gehäuses lösen sich normalerweise die Schrauben problemlos. Bewahren Sie die Schrauben und Kleinteile an einem sicheren Ort auf, am besten dem jeweiligen Schalter zugeordnet. ***Achtung:*** *Die Schrauben und Federn der einzelnen Schalter können unterschiedlich lang sein.*

flächen mit feinem Schleifpapier, bis sie wieder metallisch glänzen.

Entfernen Sie das alte Fett aus den Schalterelementen und überprüfen Sie die Beweglichkeit. Das Schaltergehäuse wird auch innen gründlich gereinigt und getrocknet. Vor dem Wiederzusammenbau sollte alles so gut wie möglich vorbereitet sein.

Solange alles zerlegt ist, lackiert man gleich das Schaltergehäuse, weil jetzt nichts abgeklebt werden muss.

Falls die Lackierung dem Originalzustand entsprechen soll, muss man recherchieren, wie die Schalter ursprünglich lackiert waren: glänzend, matt oder seidenmatt. Eine kleine Sprühdose reicht für einige Schalter und mehrere Lackschichten. Folgen Sie den Verarbeitungshinweisen – normalerweise reichen drei Schichten aus.

Nach dem Trocknen der Farbe können die Beschriftungen eingefärbt werden. Diese Arbeit ist etwas fummelig, aber die Mühe lohnt sich.

Die passende Farbe und einen Pinsel besorgt man sich in einem Modellbauladen. Am einfachsten füllt man die Vertiefungen mit der Farbe aus und entfernt anschließend mit einem Lappen die über die Ränder ausgetretene Farbe. Ein exaktes Ausmalen der Konturen ist oft ein hoffnungsloses Unterfangen.

Wahrscheinlich muss der Farbauftrag mehrmals wiederholt werden. Lassen Sie erst die Farbe trocknen und schauen Sie sich dann

12.8 Mit einem Pinsel färbt man die Vertiefungen der Beschriftung ein.

12.6 Mit Schleifpapier der Körnung 240 kann die alte Farbe entfernt werden. Eine andere Möglichkeit ist das Strahlen in der Kabine. Mit beiden Methoden lassen sich vergleichbare Ergebnisse erzielen.

12.7 Dieses Gehäuse wurde seidenmatt lackiert. Wenn man bei schönem Wetter im Freien arbeitet, sollten die fertigen Teile zum Trocknen unter einer Abdeckung stehen, damit keine Staubeinschlüsse oder Insekten das Ergebnis beeinträchtigen.

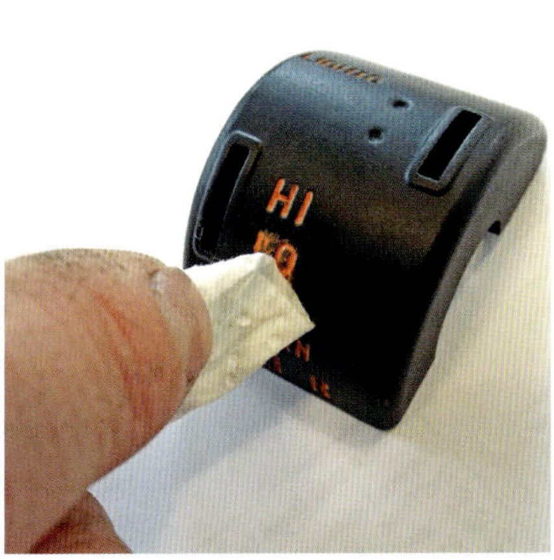

12.9 Überschüssige Farbe wird einfach mit einem fusselfreien Tuch abgewischt.

das Ergebnis an. Wenn Sie damit zufrieden sind, kann die Schaltereinheit wieder komplettiert werden und ist damit bereit für den späteren Einbau.

12.10 *Die Beschriftung wurde mit nur einer Farbschicht ausgefüllt und sieht bereits ganz gut aus.*

12.11 *Passen Sie auf die kleinen Federn der Schalter auf. Beachten Sie die beiden Führungsschlitze, die das Gegenstück des Hupenschalters im Gehäuse fixieren.*

Beim Zusammenbauen schmiert man die beweglichen Teile mit etwas Fett – weniger ist hier mehr. Achten Sie darauf, dass kein Fett auf die Kontaktflächen gelangt!

Meistens muss bei der Montage der verschiedenen Schalter eine bestimmte Reihenfolge eingehalten werden. Jetzt sind die zuvor angefertigten Notizen und Bilder eine wertvolle Hilfe.

Als Beispiel wird hier die Überarbeitung einer Lenkerschaltereinheit von Suzuki gezeigt. Die Lenkerschalter anderer Hersteller können sinngemäß genauso restauriert werden.

Bild 12.11 zeigt den noch eingebauten Hupenknopf mit Feder. Innerhalb der Feder befindet sich ein kleiner Kupferstift, der beim Drücken des Hupenknopfs das Gegenstück des Schalters berührt. Im Schaltergehäuse sind die beiden Führungen erkennbar, in die das Gegenstück eingeschoben wird.

Bild 12.12 zeigt das erwähnte Gegenstück des Hupenknopfs. Es muss so eingebaut werden, dass die Schlitzöffnung des Kontakts nach unten zeigt. Dann kann der Kupferstift des Hupenknopfs bei der Montage des Gegenstücks in den Schlitz hineinrutschen. Wird das Gegenstück entgegengesetzt eingebaut, beschädigt man entweder den Kupferstift oder es lässt sich erst gar nicht einschieben. Denken Sie daran, dass diese Teile durch Alterung versprödet sein können: Sobald an der falschen Stelle zu stark gedrückt wird, zerbrechen sie.

12.12 *Das Gegenstück des Hupenschalters hat einen schmalen Schlitz, in den der Kupferstift des Hupenknopfs bei der Montage hineinrutschen muss. Daher muss die Schlitzöffnung nach unten zeigen.*

Nachdem der Schalter eingebaut ist, wird er gemeinsam mit dem Kabel über ein oder zwei Haltebleche fixiert. Damit ist dieser Schalterteil fertig gestellt.

Hier sind noch weitere Beispiele, wie die einzelnen internen Schalter befestigt sein können.

12.13 *Von innen betrachtet: der vollständig eingebaute Hupenknopf.*

Sehen Sie sich vorher genau an, wie die einzelnen Schalter in der Schaltereinheit angebracht sind. Dann steht einem problemlosen Zusammenbau und einer einwandfreien Funktion nichts im Weg.

12.14 Alle Schalter sind wieder im Gehäuse eingebaut und die Kabel mittels der Halteplatten geführt und gesichert.

12.15 Die schwarze Haltenase rastet in eine Aussparung im Schalterrahmen ein.

12.16 Ein Schlitz im Gehäuse der Schaltereinheit dient als Führung für die Haltenase und sichert diesen Schalter.

INSTRUMENTE UND ANZEIGEN

Wie die Schaltereinheiten, so kann auch den Instrumenten relativ einfach und kostengünstig wieder zu einem akzeptablen Aussehen verholfen werden. Eine Instandsetzung der eigentlichen Drehzahlmesser- oder Tachometermechanik ist weniger empfehlenswert, denn falls sie nicht funktionieren sollten, ist es in der Regel wesentlich einfacher und günstiger ein Ersatzinstrument zu suchen als sie zu reparieren.

12.17 Die überarbeitete und lackierte Schaltereinheit sieht aus wie neu.

Normalerweise funktionieren die Instrumente und Anzeigen auch nach längerer Standzeit noch problemlos und die Arbeiten beschränken sich auf eine neue Lackierung und den Austausch der Zifferblätter und Abdeckscheiben.

Falls das Zifferblatt ausgeblichen ist, müssen Sie sich entweder damit abfinden oder Sie versuchen es zu erneuern. Das hängt auch davon ab, wie stark es verblasst ist und in welchem Zustand das gesamte Motorrad am Ende sein soll.

Im Internet findet man Zifferblätter für fast alle Motorräder. Diese einzubauen bedeutet, das Instrument zu zerlegen – und das ist bei etlichen nicht vorgesehen. Das größte Problem bei vielen Instrumenten ist ein umgebördelter Chromring, mit dem die Gehäuseteile des Instruments zusammengehalten werden. Diese Bördelung so aufzuhebeln, dass es später nicht sichtbar ist und der Ring wieder verwendet

12.18 Diese Suzuki-Instrumente litten unter der Sonne Colorados und brauchen daher eine kosmetische Überarbeitung.

12.19 Wenn das Zifferblatt des Instruments noch in einem guten Zustand ist, sollte man es nicht zerlegen. Die Scheibe und der Chromring werden abgeklebt und das Gehäuse neu lackiert, denn das Öffnen und Wiederzusammenbauen des Instruments endet nicht immer erfolgreich. Mit einem scharfen Messer wurde das Abdeckband so eng wie möglich aus den Ecken herausgeschnitten.

werden kann – aus Mangel an Ersatz – ist sehr schwierig.

Ab Bild 12.20 wird an einem Beispiel gezeigt, wie ein Anzeigeinstrument zerlegt wird.

12.20 Mit einem geeigneten Werkzeug hebelt man vorsichtig die Bördelung des Chromrings so weit auf, bis er sich vom Instrument abnehmen lässt. Dabei muss man sehr geduldig in kleinen Schritten vorgehen, damit der Ring nicht einreißt. Das Instrument kann dann nicht mehr richtig zusammengebaut werden.

12.21 Bevor das Gehäuse entfernt werden kann, muss das Stellrad des Tageskilometerzählers herausgezogen werden. Es ist mit einer kleinen Schraube gesichert.

12.22 Die Anzeigenadeln lassen sich einfach abhebeln.

12.23 Das Zifferblatt ist mit zwei Schrauben befestigt.

12.24 Die untere Chromblende ist mit zwei Muttern gesichert.

12.27 Das Innengehäuse hält nur die Scheibe und muss nicht lackiert werden.

12.25 Nachdem das Gehäuse abgenommen wurde, kann man die Scheibe ausbauen und das Gehäuse für die Lackierung vorbereiten.

12.28 Reinigen Sie die Scheibe vor dem Auflegen auf das Innengehäuse. Beachten Sie die Dichtung!

12.26 Das Instrumentengehäuse besteht aus drei Teilen.

12.29 Der äußere Gehäuseteil wird anschließend darüber geschoben.

12.30 Bringen Sie das neue Zifferblatt an und setzen Sie die Anzeigenadel wieder auf. **Tipp:** Falls das neue Zifferblatt keine Bohrungen für die Befestigungsschrauben hat, legen Sie das alte als Schablone darüber und markieren die Stellen. Damit befindet sich das neue Zifferblatt an der richtigen Stelle.

12.32 Vor dem Einbau poliert man die untere Chromblende.

12.33 Einbaufertig: der überarbeitete Tachometer mit neuem Zifferblatt.

12.31 Nachdem alles zusammengesteckt wurde, kommt die schwierigste Arbeit: das Umbördeln des Chromrings. Wie beim Öffnen muss man hier sehr vorsichtig und in kleinen Schritten vorgehen, als Werkzeug nimmt man eine Zange. Am besten eine etwas ältere, denn deren Maul ist nicht mehr so scharfkantig und verursacht daher nicht so schnell Schäden am Chromring. Wenn diese Arbeit scheitert, kann es das Ende für das Instrument bedeuten. Nicht vergessen: am Tachometer den Rückstellknopf für den Tageskilometerzähler wieder einbauen!

12.34 Die aufgearbeiteten Instrumente sind wieder an ihrem Platz.

Kapitel 13
Sitzbank

An den meisten Restaurierungsobjekten ist die Sitzbank mehr oder weniger stark beschädigt. Der ständige Wechsel zwischen hohen und niedrigen Temperaturen über eine lange Zeit macht den Sitzbankbezug spröde, was ihn schließlich einreißen lässt. Hinzu kommt, dass der Rost auch vor dem Sitzbankrahmen bzw. Sitzbankkörper keinen Halt macht. Das Erscheinungsbild des fertig restaurierten Motorrads wird aber entscheidend vom Aussehen der Sitzbank geprägt.

Sitzbänke lassen sich in der Regel wieder aufarbeiten und falls der Sitzbankbezug nicht zu stark eingerissen war, kann sogar die Schaumstofffüllung weiterverwendet werden.

Der Schaumstoff lässt sich leicht bearbeiten und falls nur eine kleine Stelle ausgebessert werden muss, kann es ausreichen, ein Reparaturstück anzufertigen und einzukleben. Der aufgezogene Sitzbankbezug hält die reparierte Stelle normalerweise zusammen. Wenn jedoch der Schaumstoff zu lange ungeschützt war, ist er nicht mehr reparabel und eine neue Füllung ist erforderlich.

Sitzbankbezüge sind für die meisten Motorräder – wenn auch als Nachfertigung – erhältlich und nicht allzu schwierig aufzuziehen.

Achten Sie beim Bestellen auf die richtige Modellversion und das Baujahr. Eine Honda CB 350 T ist keine Honda CB 350 F, auch wenn sich die Sitzbänke nur geringfügig unterscheiden. Nicht viel, aber doch so sehr, dass beim Versuch, den falschen Bezug passend zu ziehen, dieser irgendwann seinen Widerstand aufgibt und einreißt.

13.1 Meistens kann die Schaumstofffüllung weiterverwendet werden. Falls sie jedoch längere Zeit ungeschützt dem Sonnenlicht und den Witterungseinflüssen ausgesetzt ist, muss Ersatz gefunden werden.

13.2 Das größte Problem, dass an Sitzbänken auftreten kann, ist ein verrosteter Sitzbankkörper. Er besteht meist aus Pressstahl, der im Lauf der Jahre durchrosten kann und dann oft nicht mehr zu reparieren ist. Besonders genau sollte man sich die Scharniere und Halterungen ansehen. Ihr fester Sitz ist für die Fahrsicherheit absolute Voraussetzung.

13.3 Ein Fall für die Schrotttonne: An diesem Sitzbankkörper ist die umlaufende Kante größtenteils weggerostet. Kleinere Durchrostungen auf der Fläche kann man mit einem Reparaturblech wieder instand setzen und erhält so die ursprüngliche Stabilität wieder zurück. Großflächigere Schäden bedeuten eine neue Sitzbank.

13.4 Dieser Sitzbankkörper ist in einem ordentlichen Zustand und hat nur leichten Oberflächenrost. Alle Scharniere und Halterungen sind vorhanden und haben einen festen Sitz. Gut erkennbar sind auch die Gummis (insgesamt sechs Stück), die als Rahmenauflage dienen.

13.5 Hier ist noch etwas Arbeit erforderlich, um die Sitzbank in einen ansehnlichen Zustand zu versetzen. Glücklicherweise hat die Schaumstofffüllung keinen größeren Schaden.

13.6 Die umlaufende Chromzierleiste zeigt Auflösungserscheinungen und auch der Schriftzug ist verblasst.

13.7 An der umlaufenden Kante des Sitzbankkörpers sind auf der Innenseite Metallhaken vorhanden, an denen der Sitzbankbezug befestigt wird. Sehr häufig sind diese Haken abgebrochen oder weggerostet. Dieser hier ist noch in einem guten Zustand.

13.8 Zuerst entfernt man die Scharniere und Halterungen. Sie werden später gereinigt und lackiert.

13.11 Falls ein Halteriemen für den Beifahrer vorhanden ist, muss er zum Abnehmen des Sitzbankbezugs abgeschraubt werden.

13.9 Anschließend biegt man vorsichtig mit einer Zange die Haken zurück, mit denen die Zierleiste und der Sitzbankbezug gehalten werden. Biegen Sie diese nur so weit, wie es für die Abnahme des Bezugs erforderlich ist.

13.12 Manchmal sind diese Schrauben sehr fest und erfordern zum Lösen höheren Krafteinsatz. In diesem Fall ließ sich die Schraube nur auf die gezeigte Weise herausdrehen und musste danach erneuert werden.

13.10 Die kleineren Haken können hier besser mit einem Schraubendreher aufgebogen werden.

13.13 Jetzt nimmt man die Zierleiste und schließlich den Sitzbankbezug ab.

13.14 Achten Sie beim Abziehen des Sitzbankbezugs darauf, die Schaumstofffüllung nicht zu beschädigen.

13.15 Gute Form und nur leicht beschädigter Schaumstoff: Für ihr Alter von 40 Jahren ist diese Sitzbankfüllung immer noch in einem brauchbaren Zustand. Mit dem Sitzbankkörper verklebter Schaumstoff kann nicht beschädigungsfrei abgenommen werden.

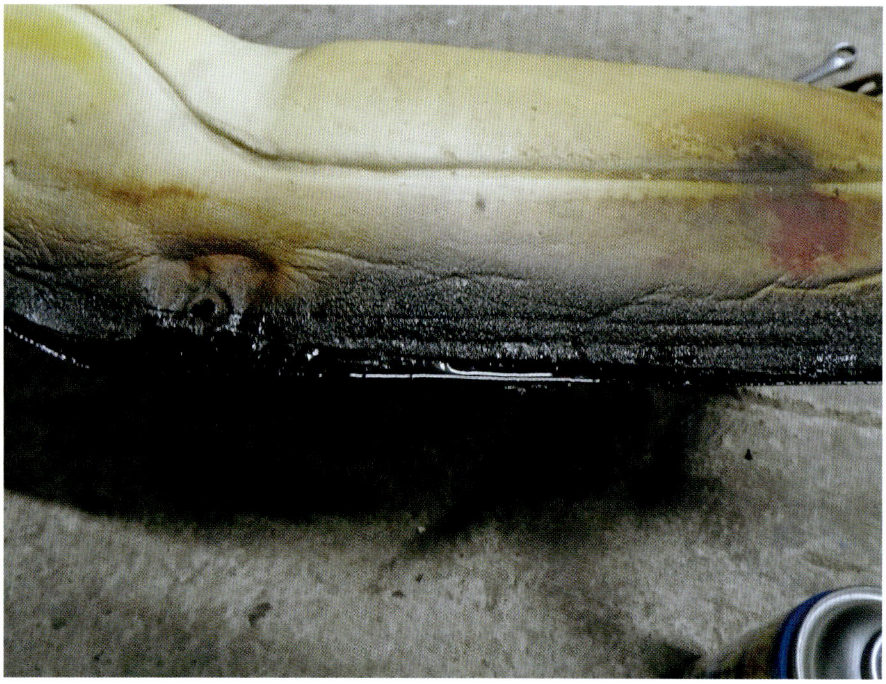

13.17 Nach dem Entrosten wird der Sitzbankkörper lackiert.

13.18 Legen Sie den Sitzbankbezug über die Schaumstofffüllung.

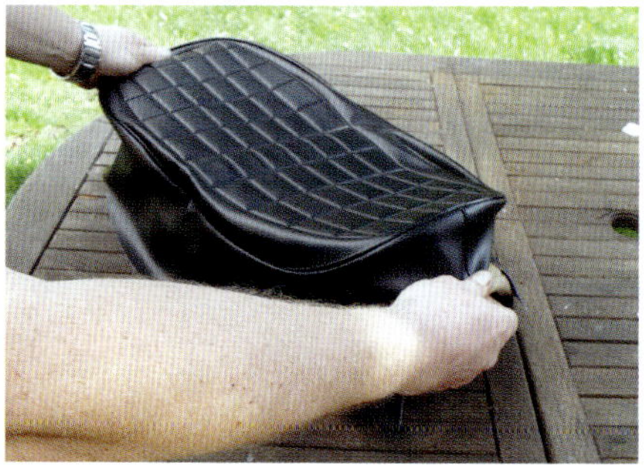

13.16 Entfernen Sie gründlich den Rost von der umlaufenden Kante des Sitzbankkörpers, um einen tragfähigen Untergrund zu schaffen.

13.19 Jetzt zieht man das vordere und hintere Ende des Bezugs straff und richtet die Naht der Sitzfläche mit dem Profil der Schaumstofffüllung aus. Achten Sie darauf, dass die Sitzfläche auch mittig liegt.

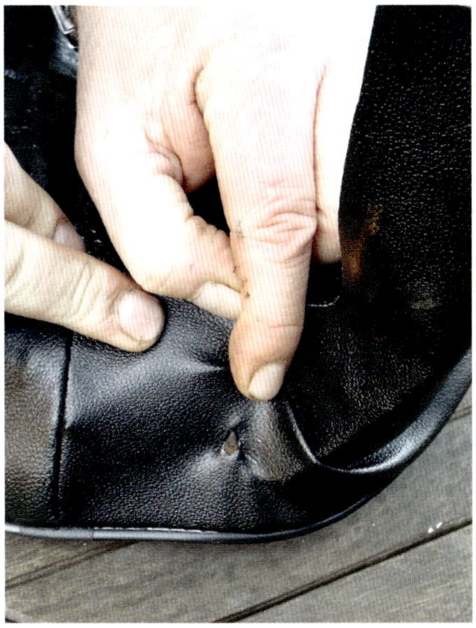

13.20 Der straffgezogene Bezug wird an der Vorderseite mit dem ersten Haken fixiert.

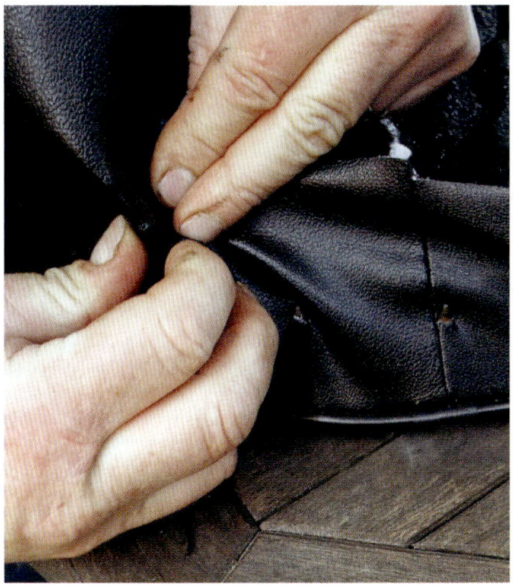

13.21 Erst wenn alle vorderen Haken durch den Bezug gesteckt wurden und keine Korrekturen mehr erforderlich sind, werden sie umgebogen und der Bezug befestigt.

13.22 Auf die gleiche Weise fixiert und befestigt man den Sitzbankbezug am hinteren Ende mit den dort vorhandenen Laschen.

Originale Zierleisten für die Sitzbank sind kaum noch zu finden. Als Alternative bietet sich hier ein Kantenschutz für Autotüren an. Er ist nicht teuer und sieht fast genauso wie das Originalteil aus.

13.23 Falls die originale Zierleiste nicht erhältlich ist, kann als Alternative ein Türkantenschutz aus dem Ersatzteilregal eines Automobilherstellers verwendet werden.

13.24 Der Kantenschutz ist einseitig geöffnet und innen mit Klebstoff beschichtet.

13.25 Beginnen Sie an einer der vorderen Ecken mit dem Anbringen der Zierleiste – mit einem leichten Überstand – und drücken Sie diese nach und nach auf die Kante, bis sie die andere Ecke erreicht haben. Dazu ist etwas Kraft erforderlich, denn die Leiste hat einen straffen Sitz und fixiert so zusätzlich den Sitzbankbezug.

13.30 Diese Schlossschrauben aus Edelstahl erhielten für ihre neue Funktion ein nachträglich aufgeschnittenes Gewinde.

13.26 Mit einer scharfen Schere oder einem Messer kann jetzt das vordere Zierleistenende der Sitzbankkontur angepasst werden.

13.28 Die Sitzbank ist fast fertig und sieht fast wie neu aus. Jetzt fehlt nur noch der Halteriemen.

Während der Restaurierung wird es immer wieder vorkommen, dass benötigte Teile nicht mehr erhältlich sind. Besonders bei den Kleinteilen ist das häufiger der Fall. Hier muss man kreativ sein und nach Lösungen suchen, die dem Original in Qualität und Aussehen möglichst nahe kommen.

13.31 Anschließend wurden die Schrauben auf die passende Länge gekürzt und durch den gefalteten Riemen gesteckt.

13.27 Hervorstehendes Material kann ebenfalls mit einem scharfen Messer abgeschnitten werden. Damit entsteht ein sauberer Eindruck.

13.29 Da die originalen Riemenhalteschrauben nicht mehr erhältlich waren, musste passender Ersatz selbst hergestellt werden.

13.32 Sollte das Gewinde der angeschweißten Mutter defekt sein, wird es ausgebohrt, die Schraube durchgesteckt und mit einer Edelstahlmutter gesichert.

13.34 Der Markenschriftzug darf natürlich nicht fehlen.

13.33 Die fertige Sitzbank mit Halteriemen sieht wirklich gut aus.

13.35 Eine perfekt aufgearbeitete Sitzbank rundet das Erscheinungsbild des restaurierten Motorrads ab.

Kapitel 14
Teleskopgabel

In der langen Entwicklungsgeschichte des Motorrads experimentierten die Hersteller mit diversen verschiedenen Vorderradaufhängungen. Durchgesetzt hat sich schließlich die hydraulisch gedämpfte Teleskopgabel, die bei der überwiegenden Mehrheit der Motorräder verwendet wird. Daher wird in diesem Kapitel das Zerlegen und Zusammenbauen einer Teleskopgabel behandelt, da sie am wahrscheinlichsten an Ihrem Projekt vorhanden sein wird.

Bevor Sie mit der Aufarbeitung der Vorderradgabel beginnen, sollten Sie die Gleitflächen der Standrohre auf Riefen und Rostnarben prüfen, weil dadurch die Gabeldichtringe beschädigt werden. In diesem Fall müssen die Standrohre von einem Fachbetrieb überarbeitet, d. h. die Schäden beseitigt und die Rohre neu verchromt werden. Ohne diese Reparatur ist der Austausch der Gabeldichtringe zwecklos, sie werden nach kurzer Zeit wieder undicht sein.

Auch das Gabelöl altert und sollte daher regelmäßig gewechselt werden. Die Hersteller geben die erforderliche Viskosität sowie die einzufüllende Ölmenge bzw. den Ölstand vor. Die entsprechenden Angaben finden Sie im Werkstatthandbuch.

Die wichtigsten Bauteile einer Teleskopgabel und Arbeitsschritte sind in der folgenden Bilderserie beschrieben.

14.1 Der untere Teil des Gabelholms wird als Gleitrohr oder Tauchrohr bezeichnet. Beim Überfahren von Fahrbahnunebenheiten soll idealerweise das Rad der Fahrbahn folgen, ohne dass sich das Niveau des Motorrads ändert – das untere Rohr muss also im „feststehenden" Standrohr ein- und austauchen, daher die Namensgebung.

14.2 Hier ist die Ablassschraube für das Gabelöl zu sehen. Zum Ölablassen muss zusätzlich der obere Gabelverschluss geöffnet werden.

14.3 Das verchromte Standrohr ist in der unteren und oberen Gabelbrücke festgeklemmt. Wenn die Oberfläche im Gleitbereich des Tauchrohrs verkratzt oder verrostet ist, wird der Gabeldichtring beschädigt und undicht. Deshalb ist bei klassischen Motorrädern an dieser Stelle oft ein Faltenbalg oder eine Hülse vorhanden, die das Standrohr vor äußeren Einwirkungen schützt.

14.6 Eine verölte Staubkappe weist auf Ölaustritt hin. Der Gabeldichtring muss erneuert werden.

14.4 Eine Nahaufnahme des Standrohrs zeigt Rostnarben und Materialausbrüche im erwähnten Gleitbereich. Dieses Standrohr muss überarbeitet und neu verchromt werden.

14.7 Wenn der Gabelholm ausgebaut ist, dreht man ihn am einfachsten auf den Kopf und lässt das Gabelöl in eine Wanne auslaufen. Etwas Pumpen unterstützt das Entleeren.

14.5 Die Gabelfeder kann sich im Lauf der Zeit setzen und muss auf Maßhaltigkeit geprüft werden. Im Werkstatthandbuch sind die entsprechenden Werte angegeben. **Tipp**: Bauen Sie die Gabelfeder aus, solange der Gabelholm noch in der Gabel festgeklemmt ist. So lässt sich der Gabelverschluss einfacher entfernen. Gehen Sie dabei vorsichtig vor, weil er unter der Vorspannung der Gabelfeder steht.

14.8 Zum Abnehmen der Staubkappe hebelt man mit einem passenden Werkzeug das untere Ende aus der Führungsnut und hebt die Kappe nach oben an.

14.9 Unter der Staubkappe befindet sich der Sicherungsring des Gabeldichtrings. Reinigen Sie den Bereich, damit sich der Sicherungsring einfacher ausbauen lässt.

14.10 Mit einer passenden Zange wird der Ring ausgebaut und anschließend gereinigt, falls er wiederverwendet werden kann.

14.11 Am unteren Ende des Tauchrohrs ist eine Schraube vorhanden, mit der die Dämpferkolbenstange befestigt ist.

14.12 Diese Schraube wurde vielleicht noch nie geöffnet und sitzt oft sehr fest. Arbeiten Sie hier unbedingt mit dem passenden Werkzeug. Wenn der Schraubenkopf ruiniert ist, steht Ihnen eine aufwändige Ausbohrprozedur bevor. Ein Entlastungsschlag auf die Schraube kann die Spannung aus der Schraubverbindung nehmen. ***Tipp:*** *Verwenden Sie zum Einspannen des Tauchrohrs im Schraubstock unbedingt Schutzbacken.*

14.13 Bei den meisten Motorrädern ist der Gabelverschluss am oberen Ende mit einem O-Ring abgedichtet. Dieser O-Ring sollte ebenfalls erneuert werden.

14.14 Zum Trennen von Standrohr und Tauchrohr spannt man das Tauchrohr mit Schutzbacken in den Schraubstock oder nimmt jeweils ein Rohr in eine Hand und zieht sie mit Schwung auseinander. Durch diese Schlagwirkung kann die obere Gleitbuchse den Gabeldichtring aus seinem Sitz heraustreiben.

14.15 Sobald die obere Gleitbuchse aus dem Tauchrohr herausgerutscht ist, kann das Standrohr aus dem Tauchrohr herausgezogen werden. Es kann sein, dass jetzt noch etwas Öl herausläuft.

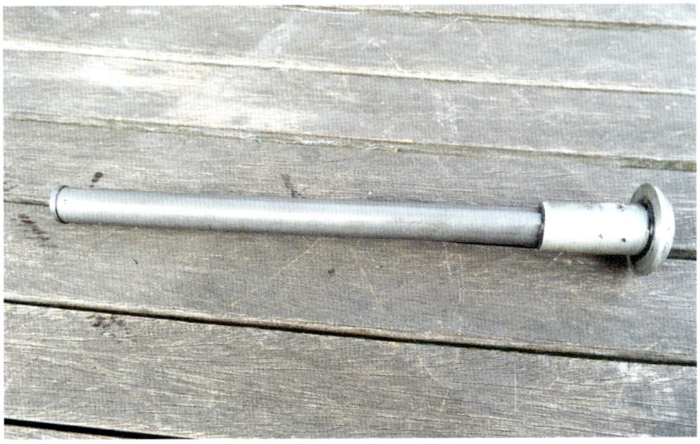

14.16 Der Dämpferkolben und die Dämpferkolbenstange werden gründlich gereinigt.

14.17 Alle sichtbaren Bohrungen müssen frei von Ablagerungen sein.

14.18 Vor dem Aufschieben der oberen Lagerbuchse trägt man etwas Fett auf das Standrohr und die Buchse auf.

14.19 Auch das Tauchrohrinnere muss gründlich von Abrieb und Schmutz gereinigt werden. Vergessen Sie auch nicht den Sitz des Gabeldichtrings zu säubern.

14.20 Gabeldichtringe werden sowohl als Originalteil als auch als Nachfertigung angeboten.

14.21 Schieben Sie den neuen Dichtring auf das Standrohr. Passen Sie dabei auf, dass Sie die Dichtlippe nicht verletzen.

14.22 Bauen Sie die Dämpferkolbenstange wieder ein.

14.23 Setzen Sie die Feder wieder ein.

14.24 Schieben Sie das Standrohr wieder in das Tauchrohr.

14.25 Nun drückt man den Gabeldichtring in seinen Sitz, so dass der Sicherungsring wieder eingesetzt werden kann. Achten Sie darauf, dass er richtig in die Nut einrastet. Danach baut man die Halteschraube der Dämpferkolbenstange ein und bringt die Staubkappe an.

14.26 Abschließend wird der Gabelholm mit der vorgeschriebenen Menge Öl befüllt.

Kapitel 15

Das Zusammenbauen

Mit dem Zusammenbau können Sie loslegen, sobald der Rahmen, die Schwinge und der Hauptständer lackiert sind. Kontrollieren Sie vor dem Beginn der Arbeiten, dass alle Schrauben und Muttern vorhanden und auch in ordentlichem Zustand sind und besorgen Sie sich gegebenenfalls noch fehlende Teile.

Durch Schwierigkeiten bei der Ersatzteilbeschaffung dauert eine Restaurierung häufig länger als erwartet. Trotzdem kann man schon zu einem frühen Zeitpunkt mit dem Zusammenbau beginnen und setzt die Arbeiten in dem Tempo fort, wie die Teile verfügbar sind.

RAHMEN UND SCHWINGE

15.1 Zum Einbauen der Schwinge und des Hauptständers stellt man den Rahmen am besten auf ein stabiles Gestell. Verzurren des Rahmens mit dem Gestell mit Hilfe von Gurten erleichtert das Arbeiten.

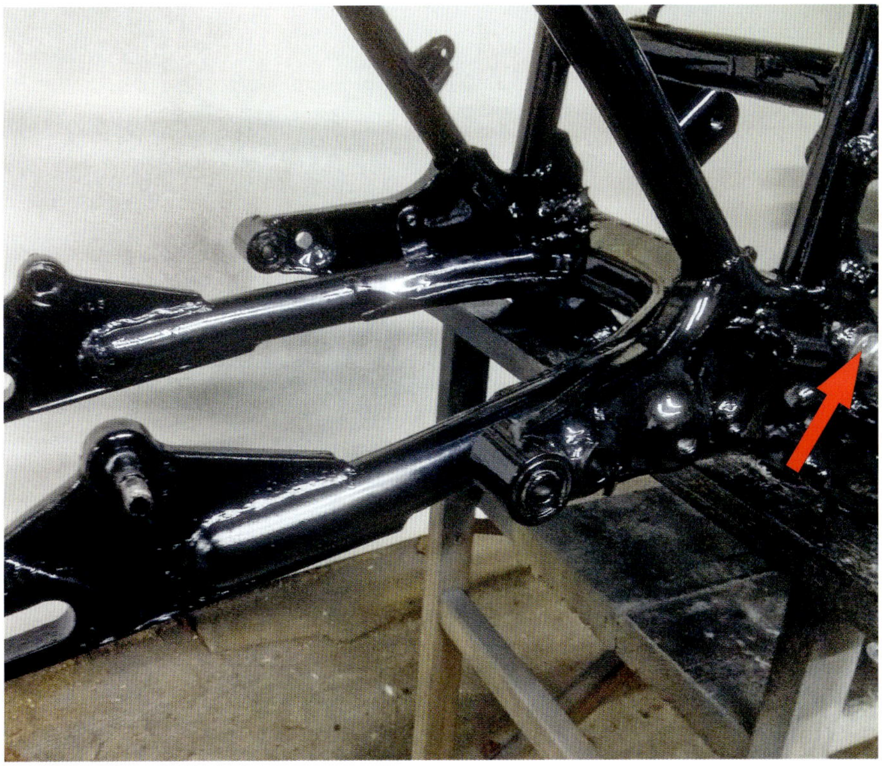

15.2 Die Lagerbuchsen der Schwinge und die Schwingenachse werden gut gefettet, die Schwinge in den Rahmen eingeschoben und die Achse mit einem Gummihammer vorsichtig ohne großen Kraftaufwand eingeschlagen – bei Schwergängigkeit Ursache suchen! Anschließend wird die Schwingenachse mit dem werksseitig angegebenen Anzugsdrehmoment festgezogen. Die Schwinge muss sich jetzt leicht und spielfrei bewegen lassen.

15.3 Damit sich die Schwingenachse nicht mitdreht, hält man sie mit einem passenden Schraubenschlüssel fest, während man die Mutter anzieht.

15.5 Zur Montage des Hauptständers muss der Rahmen eventuell etwas unterbaut werden. Schmieren Sie alle Drehstellen – auch die der Feder – mit Fett.

15.6 Montage der hinteren Federbeine: Bei ihrer Aufarbeitung den einwandfreien Zustand der Lagerbuchsen in den Federbeinaugen überprüfen. Viele Motorräder haben zur Befestigung der Dämpfer verchromte Hutmuttern; alternativ kann man auch Edelstahlmuttern verwenden – auf die richtige Zugfestigkeit der Muttern achten!

15.4 Falls der Seitenständer an einer zusätzlichen Aufnahme befestigt ist, spannt man diese in einen Schraubstock und hängt so die Seitenständerfeder ein (reduzierte Verletzungsgefahr). Erst dann verschraubt man den Seitenständer mit dem Rahmen.

15.7 Falls ein ursprünglich vorhandener Haltegriff nicht montiert wird, muss mit zusätzlichen Unterlagscheiben die nun ungenutzte Schraubenlänge ausgeglichen werden.

15.8 Bei vielen Motorrädern besteht das hintere Schutzblech aus zwei Teilen. Zuerst den vorderen Teil der Radabdeckung montieren (meist aus Kunststoff).

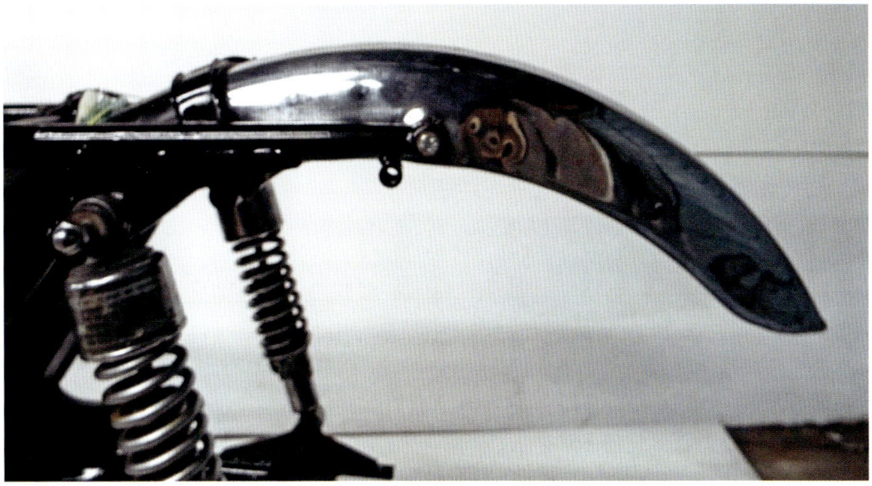

15.11 Nachdem der vordere Teil der Radabdeckung eingesetzt ist, kann das hintere Chromschutzblech montiert werden. Dazu sind hier vier Befestigungsschrauben vorhanden: zwei befinden sich am Ende des Rahmenhecks, zwei weitere verstecken sich am Rahmen im Bereich der oberen Federbeinaufnahme.

15.9 Hier rastet die vordere Radabdeckung auf jeder Seite in einen Gummipuffer ein. Diese müssen zuvor auf den Rahmen gesteckt werden.

15.12 Der Rücklichthalter wird über vier Schrauben und Muttern am Schutzblech verschraubt. Zusätzlich sind an den Schrauben noch Gummiösen mit Metallhülsen vorhanden, um das Rücklicht vibrationsgeschützt befestigen zu können.

15.10 Parallel kann der Kabelbaum verlegt werden, da jetzt noch genug Platz ist, die Kabel durch die ganzen Engstellen zu führen. **Achtung:** keine Kabel einklemmen!

15.13 Anbringen des Sitzbankschlosses: Dabei muss man vorsichtig vorgehen, denn es wird über zwei kleine Schrauben fixiert, die schnell überdreht werden können.

15.14 Je nach Modell bringen wir jetzt die Fußrasten an – oder später gemeinsam mit der Auspuffanlage.

15.15 Bei manchen Motorrädern ist der Kraftstofftank am hinteren Ende verschraubt. Hier wird er über einen Haltegummi fixiert, der ein schnelleres Abnehmen ermöglicht.

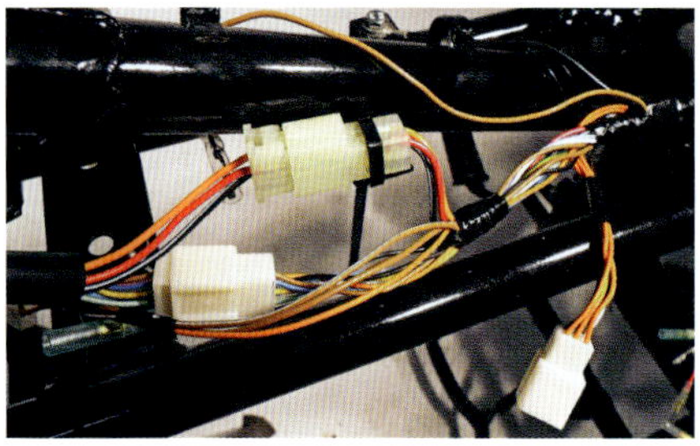

15.16 Jetzt kann auch der Kabelbaum endgültig verlegt werden; fehlende Kabelbinder ersetzt man durch neue (Verletzungsgefahr: Überstehende Enden möglichst knapp und sauber abschneiden).

15.17 Achten Sie beim Einbauen der elektrischen Komponenten auf einwandfreie Masseverbindungen, besonders wenn der Rahmen neu lackiert oder pulverbeschichtet wurde. Massefehler in der Elektrik können sehr rätselhafte Folgen haben.

TELESKOPGABELEINBAU

15.18 Zum Einbauen des Lenkkopflagers trägt man ein zähes Fett auf die vorher gereinigten Lagerschalen auf. Das Fett dient nicht nur zur Schmierung, sondern auch als Montagehilfe für die lose eingelegten Kugeln.

15.19 Auch das Lager auf der unteren Gabelbrücke wird auf diese Weise vorbereitet.

Falls das Lenkkopflager auf ein Kegelrollenlager umgerüstet werden soll, müssen die Lagerschalen des alten Lagers aus dem Rahmen ausgebaut werden. Statt der speziellen Abzieher kann man auch eine entsprechend lange Stahlstange und einen Hammer zum Herausschlagen verwenden. Auf keinen Fall die neuen Lagerschalen direkt mit dem Hammer einschlagen, sondern man legt zum Beispiel ein passendes Aluminiumteil als Eintreibhilfe dazwischen. Schlagen Sie die Lagerschale langsam und gleichmäßig ein und achten Sie dabei auf ihren rechtwinkligen Sitz. Sobald sie schräg liegt, verkantet sie sich und der Sitz im Rahmen kann beschädigt werden. Bauartbedingtes Spiel an dem von beiden Gabelbrücken geklemmten Scheinwerferhalter kann mit einem dicken O-Ring ausgeglichen werden.

15.20 Gehen Sie beim Einbauen des Lenkschafts behutsam vor, damit keine Kugeln herunterfallen und achten Sie darauf, dass sich das obere Ende des Lenkschafts genau durch die innere Lagerschale des oberen Lagers schiebt.

15.21 Jetzt können die Staubkappe und die Einstellmutter montiert werden.

15.22 Stützen Sie die untere Gabelbrücke ab und ziehen Sie die Einstellmutter mit der Hand an, bis kein Spiel mehr im Lager vorhanden ist.

15.23 Nun wird die obere Gabelbrücke aufgesetzt und die Zentralmutter ebenfalls handfest angezogen. Die endgültige Einstellung des Lenkkopflagers erfolgt nachdem die Vorderradaufhängung vollständig zusammengebaut ist.

15.24 An einigen Maschinen sind lackierte oder verchromte Abdeckungen für die untere Gabelbrücke oder Standrohre vorhanden. Diese müssen vor dem Einbau der Standrohre eingelegt werden.

15.25 Schieben Sie die beiden Gabelholme durch die beiden Gabelbrücken, bis die Standrohrenden mit der oberen Fläche der oberen Gabelbrücke bündig abschließen (siehe auch Werkstatthandbuch).

15.26 Ziehen Sie die Klemmschrauben an den unteren Gabelbrücken leicht fest, um zu verhindern, dass die Gabelholme beim Einsetzen der Scheinwerferhalter wieder herausrutschen. Nun die obere Gabelbrücke wieder abnehmen.

Die Bilderfolge zeigt die Endmontage einer Suzuki GT 750 A. Die Arbeiten sind bei den meisten Herstellern ähnlich. Wichtig: Eine gute Dokumentation der Zerlegung erleichtert den Zusammenbau.

15.27 Mehrteiliger Scheinwerferhalter: Hier ist der untere Haltergummi zu sehen, dessen Einbaurichtung beachtet werden muss. Wenn er nicht richtig in der Chromabdeckung sitzt, ist er auf dem Kopf stehend montiert und muss gedreht werden, bevor der Scheinwerferhalter eingesetzt wird.

15.28 Jetzt wird der untere Stützring des Scheinwerferhalters angebracht. Er sollte sich perfekt über den Gummi schieben lassen.

15.29 Nun kommt der Scheinwerferhalter an die Reihe.

15.30 Der obere Stützring mit einem weiteren Haltergummi bildet den Abschluss. Auf richtigen Sitz des Gummis achten!

15.31 Bringen Sie jetzt die obere Gabelbrücke wieder an. Falls erforderlich, mit einem Gummihammer etwas nachhelfen.

15.32 Überprüfen Sie, ob das obere Standrohrende mit der Oberseite der Gabelbrücke bündig ist, gegebenenfalls die Einbauhöhe korrigieren. Jetzt können auch die Kunststoffkappen am oberen Ende angebracht werden.

15.33 Ziehen Sie jetzt alle Schrauben und Muttern mit dem vorgeschriebenen Drehmoment fest. Verwenden Sie einen Drehmomentschlüssel, eine spätere Gewindereparatur wird hier schwierig. Hinweis: Das Lenkkopflager erfordert eine genaue Einstellung, da ansonsten die Fahrsicherheit nicht gewährleistet ist. Folgen Sie der Vorgehensweise im Werkstatthandbuch!

15.34 Denken Sie daran, bei der Befestigung der Instrumente die Gummihülsen einzubauen.

15.35 Jetzt können auch die übrigen am Rahmen verteilten Gummielemente montiert werden. Hier ein vorderer Tankauflagegummi, der auf den Rahmen geschoben wird.

15.36 Die komplette Instrumenteneinheit ist mit zwei Schrauben befestigt.

15.37 Unter den Gummihülsen der Instrumentenbefestigung müssen große Unterlagscheiben eingebaut werden, damit die Muttern nicht in den Gummi gezogen werden.

15.39 Nicht vergessen, die Seilzug- bzw. Leitungsführungen anzubringen. Sie sind nicht überall vorhanden – siehe auch Werkstatthandbuch oder Ersatzteilliste.

15.40 Bei Motorrädern mit hydraulischer Bremse ist häufig ein Bremsleitungsverteiler an der unteren Gabelbrücke vorhanden, in den auch der Bremslichtschalter eingeschraubt ist: Bremsleitungen verlegen, bevor das Scheinwerfergehäuse montiert wird!

15.38 Hier sind die Blinker am Scheinwerferhalter befestigt. Bei anderen Modellen können sie mit dem Scheinwerfergehäuse verschraubt sein.

15.41 Vor der Montage des Scheinwerfergehäuses bringt man die Gummiösen an den Kabeldurchführungen an – sie verhindern das Durchscheuern der Kabel an der Öffnungskante.

15.42 Auch der Kabelbaum sollte noch vor dem Montieren des Scheinwerfergehäuses durch die Öffnungen gefädelt werden. Dabei beginnt man mit dem größten Steckergehäuse und fährt mit immer kleineren Größen fort bis zu den Einzelkabeln. Wird diese Reihenfolge nicht eingehalten, lassen sich unter Umständen die größeren Stecker am Ende nicht mehr durchschieben.

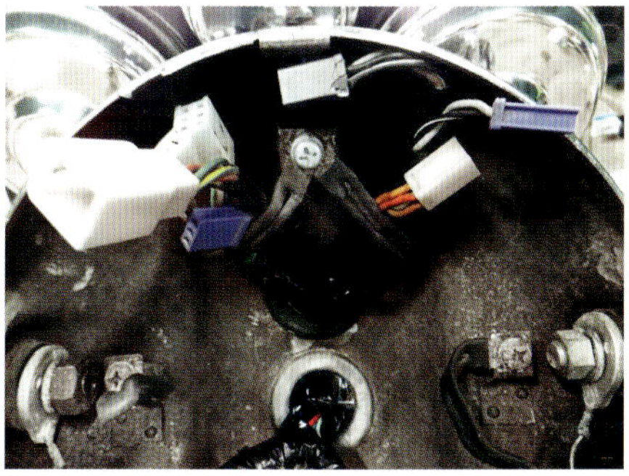

15.43 Sofern vorhanden, bauen Sie die Kabelhalter in den Scheinwerfer ein. So lässt sich später der Scheinwerfereinsatz wesentlich einfacher montieren.

15.44 Beim Festziehen der Scheinwerferschraube die innenliegende Mutter gegenhalten.

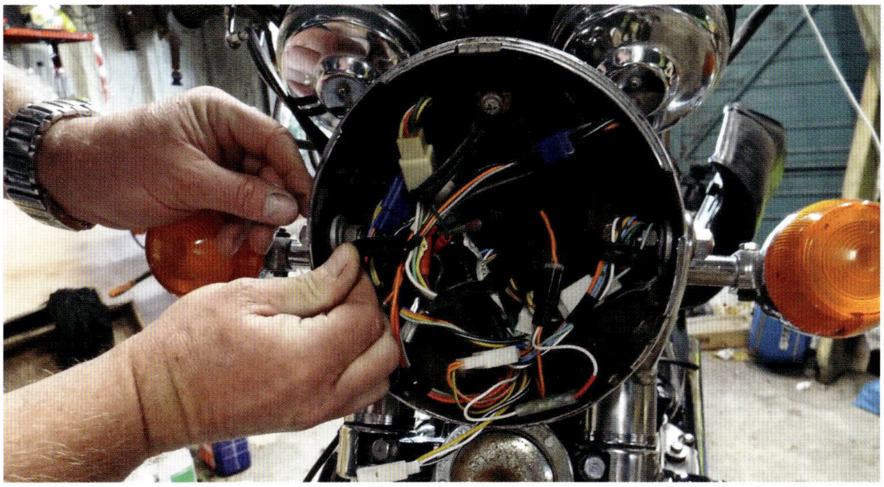

15.45 Verlegen Sie die Kabel im Lampengehäuse möglichst ordentlich und am besten ringförmig, damit später noch Platz für den Glühlampenstecker am Reflektor ist.

15.46 Verbinden Sie alle Stecker und schließen Sie auch die Scheinwerferlampen an.

15.47 Die meisten Scheinwerfereinsätze werden oben in das Gehäuse eingehängt und dann in ihren Sitz gedrückt.

15.48 Mit zwei oder drei seitlichen Schrauben wird der Scheinwerfereinsatz im Gehäuse fixiert – zum Ausrichten der Gewindebohrungen den Einsatz leicht drehen.

15.49 Montage des Lenkers: Dabei richtet man die geriffelten Sektionen des Lenkers mit den Klemmstücken aus und dreht ihn dann in die gewünschte Position. Für Einbaurichtung der Klemmstücke und Anzugsreihenfolge siehe Werkstatthandbuch.

Nachdem der Lenker wieder befestigt ist, können die Lenkerschalter angebracht werden.

15.50 Der Gasdrehgriff sollte sich leicht und ohne zu klemmen auf dem Lenker drehen lassen. An diesem Drehgriff sind zwei Gaszüge vorhanden – einer zum Öffnen und einer zum Schließen der Drosselklappen.

15.51 Die Haltemuttern der Gaszüge dreht man zunächst nur handfest in das Drehgriffgehäuse ein. Erst wenn die endgültige Lage der Gaszüge sichergestellt ist, zieht man sie fest.

15.52 Solange die Gaszüge noch nicht am Vergaser befestigt sind, lassen sie sich einfach am Drehgriff einhängen.

15.53 Nach Aufsetzen des oberen Gasdrehgriffgehäuses werden die beiden Hälften mit zwei Schrauben verbunden und am Lenker festgeklemmt.

15.54 Montage der Handbremszylinder: Zuerst die ergonomisch günstigste Hebelstellung ermitteln, dann die Klemmschrauben festziehen.

15.55 Fixieren Sie die elektrischen Leitungen. Fehlende Kabelbinder können durch Kunststoffkabelbinder ersetzt werden.

15.56 Die linken Lenkerarmaturen werden auf ähnliche Weise befestigt. Fädeln Sie den Nippel des Kupplungszugs von der Unterseite über den Schlitz in die Aufnahme am Hebel ein.

15.57 Richten Sie den Schlitz in der Einstellschraube mit dem in der Kupplungsarmatur aus und legen Sie den Kupplungszug ein. Anschließend verdrehen Sie die Einstellschraube etwas und der Zug kann nicht mehr herausrutschen. Die endgültige Einstellung des Kupplungsspiels erfolgt später.

15.58 Vor Einbau des Vorderrades kontrollieren, ob die Laschen des Tachometerantriebs in die beiden Aussparungen der Nabe eingreifen.

15.59 Beim Einbau der Radachse darauf achten, dass alle Distanzhülsen vorhanden und richtig angeordnet sind.

15.60 Abnehmbare Klemmschalen an den Tauchrohren erleichtern bei einigen Motorrädern den Vorderradeinbau: das Rad kann mit der bereits montierten Radachse eingebaut werden.

15.61 Die Klemmschalen werden nach dem Festziehen der Radachse angezogen. Beachten Sie dabei die richtige Verlegung der Tachowelle sowie die Hinweise im Werkstatthandbuch zur Anzugsreihenfolge und zu den Anzugsdrehmomenten.

15.62 Inzwischen wurde auch das vordere Schutzblech angebracht, das hier über Streben am Tauchrohr befestigt ist. Die Kronenmutter der Radachse wurde mit einem Splint gesichert.

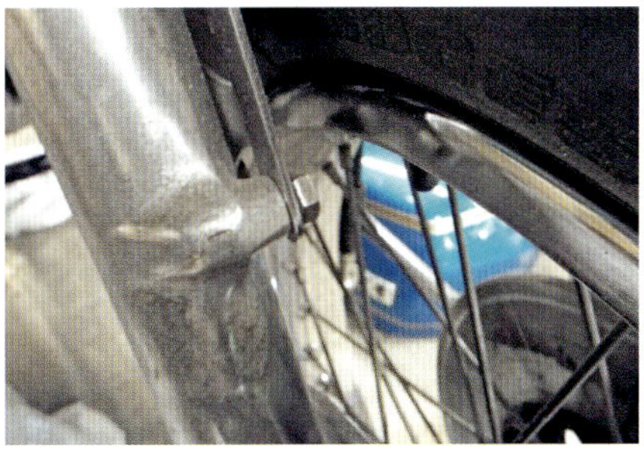

15.63 Bei Montage des Schutzblechs an den Tauchrohren: Hier sollte das Schutzblech vor dem Einbau des Vorderrads montiert werden.

15.64 Der Bremssattel wird über die Bremsscheibe geschoben und mit dem Tauchrohr verschraubt.

15.65 Schon wieder halbwegs ein Motorrad: Das probeweise Auflegen des Kraftstofftanks und der Sitzbank dient der moralischen Unterstützung ...

15.69 Die Reibfläche der Bremstrommel muss von Flugrost befreit werden.

15.70 Mit Schleifpapier der Körnung 240 wird sie wieder blank geschmirgelt.

VORDERRADEINBAU HINTERRADEINBAU

Vor dem Einbau des Hinterrads müssen alle zugehörigen Teile wieder am richtigen Platz sein. Dazu zählen der Kettenradträger mit den Ruckdämpfergummis und eventuell einer Distanzhülse sowie die Bremsankerplatte. Die meisten klassischen Motorräder haben eine Trommelbremse am Hinterrad. Bei Motorrädern mit einer Scheibenbremse ist die Bremsscheibe direkt mit der Hinterradnabe verschraubt. Hier ist der Einbau des Hinterrads und des Bremssattels – von der Antriebskette einmal abgesehen – vergleichbar mit dem des Vorderrads.

15.67 Eventuellen Abrieb oder Schmutz aus dem Kettenradträger entfernen und die Kettenradschrauben auf festen Sitz kontrollieren.

15.71 Nach einigen Minuten Arbeit ist die Bremstrommel einbaubereit.

15.66 Überprüfen Sie den Ruckdämpfergummi in der Hinterradnabe auf Verschleißerscheinungen. Defekte Dämpfer müssen ersetzt werden.

15.68 Mit etwas Silikonspray geschmiert rutschen die Laschen des Kettenradträgers einfacher in die Aussparungen des Ruckdämpfergummis. Beachten Sie die Hülse, die sich zwischen Träger und Nabe befinden muss.

15.72 Die Bremsbacken wurden aus Sicherheitsgründen erneuert.

15.73 Diese Bremsbeläge haben erste Verschleißspuren und sind leicht verglast.

15.74 Die Bremsbeläge sollte man immer erneuern. Falls sie nicht lieferbar sind, können im Notfall die verglaste Oberfläche und leichte Verschleißspuren mit Schleifpapier beseitigt werden – nur möglich, wenn die Verschleißgrenze des Bremsbelags dabei nicht unterschritten wird! **VORSICHT**: Tragen Sie eine Staubschutzmaske und arbeiten Sie an einem gut belüfteten Ort. Altes Bremsbelagmaterial ist asbesthaltig und daher krebserregend!

15.75 Setzen Sie die Bremsankerplatte in die Bremstrommel ein.

15.76 Die Hinterradachse wird mit dem aufgesteckten Kettenspanner in das Rad eingeschoben, damit die Bremsankerplatte nicht herausfällt.

15.77 Bei Modellen mit einer geschlossenen Hinterradachsenführung muss die Radachse zum Einbau durch die Schwinge, die (richtig angeordneten) Distanzhülsen und das Hinterrad gefädelt werden.

15.78 Auch am Kettenradträger ist eine Distanzhülse vorhanden.

15.79 Jetzt Hinterrad anheben und in die Hinterradschwinge einschieben.

15.80 Bei dieser Ausführung können die Kettenspanner bereits auf die Radachse aufgesteckt werden, bevor das Rad in die Schwinge geschoben wird.

15.81 Die offene Hinterradachsenführung wird über dieses Teil geschlossen, auf dem sich auch der Kettenspanner abstützt.

15.83 Setzen Sie den Bolzen in den Bremshebel ein. Durch die Bohrung des Bolzens wird im Anschluss das Bremsgestänge oder der Bremszug gesteckt.

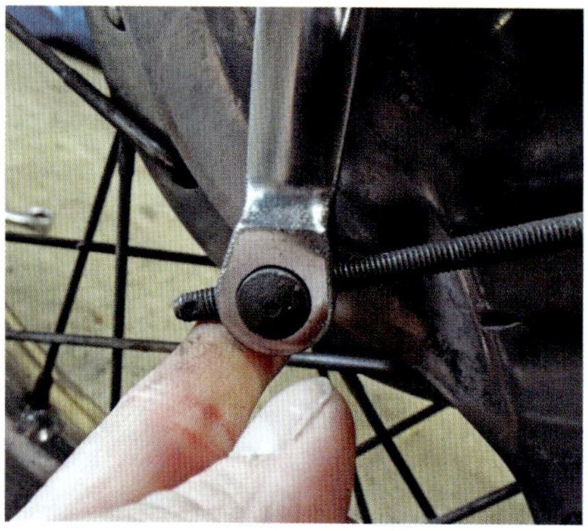

15.84 Das hier montierte Bremsgestänge hat am hinteren Ende eine Bohrung für einen Sicherungssplint.

15.82 Einstellung der Bremse nur provisorisch vornehmen: Erst wenn der Motor eingebaut und der Kettendurchhang eingestellt ist, hat das Hinterrad seine endgültige Position. Danach kann bei einer gestängebetätigten Bremse das Spiel korrekt justiert werden.

15.85 Drehen Sie die Einstellmutter auf das Gewinde des Bremsgestänges/Bremszugs.

15.86 Bringen Sie die Bremsmomentabstützung an der Bremsankerplatte an – Sicherungssplint nicht vergessen.

15.87 Vorderes Ende der Bremsmomentabstützung in die Aufnahme stecken, verschrauben und mit einem Splint sichern.

15.88 Als „Trockenübung" wurden hier vorübergehend die Motorhalteplatten angebracht. Machen Sie sich jetzt mit ihrer richtigen Position vertraut, das erspart später beim Einbauen des schweren Motors das Rätselraten über deren Anordnung.

EINBAU DES MOTORS

Für diese Arbeit sollten beide Räder eingebaut sein und das Motorrad auf dem Hauptständer stehen. Damit hat das Fahrgestell die erforderliche Standsicherheit. Ein Motor sollte niemals alleine, sondern immer mindestens zu zweit eingebaut werden. Auch ein kleiner Motor kann abrutschen und schmerzhafte Verletzungen verursachen, von den Schäden am mühevoll lackierten Rahmen ganz zu schweigen.

15.89 Auch bei so einem kleinen Motor gilt: Aus Sicherheitsgründen diese Arbeit immer nur zu zweit durchführen!

15.90 Dieser Motor lässt sich nur mit (mindestens) zwei Leuten einbauen.

15.95 Zündkerzenstecker auf Zündkerzen schieben.

15.91 Der Motor wird in den Rahmen gehoben und dort auf stabilen Holzleisten abgesetzt. Vorher zum Schutz die Rahmenrohre abkleben. Stellen Sie einen Wagenheber mit einer Holzauflage unter den Motor und richten Sie ihn so aus, dass der Motor beim Anheben ungefähr die Neigung der späteren Einbaulage hat. Dann ziehen Sie die Holzleisten aus dem Rahmen.

15.93 Wichtig: das Massekabel. Achten Sie darauf, dass seine Befestigungspunkte an Motor und Rahmen frei von Farbe sind.

15.96 Montage der Vergaser

15.92 Jetzt Wagenheber langsam ablassen, bis die Bohrungen der Halteschrauben in Motorblock und Rahmen fluchten. Bauen Sie alle (zuvor gefetteten) Schrauben ein (keine Distanzhülsen vergessen!) und ziehen Sie diese in der vorgegebenen Reihenfolge mit dem erforderlichen Drehmoment fest.

15.94 Bauen Sie die Zündspulen ein – auf richtigen Anschluss achten!

15.97 Sauber ausgerichtete Schlauchschellen (in dieselbe Richtung) machen einen ordentlichen Eindruck.

15.98 Falls das Motorrad einen Zweitaktmotor mit Getrenntschmierung hat, muss die Ölpumpensteuerung an den Gasdrehgriff bzw. Vergaser angeschlossen werden.
Wichtig: Ölpumpensteuerung gemäß den Angaben im Werkstatthandbuch einstellen, damit ausreichende Ölversorgung des Motors gewährleistet ist.

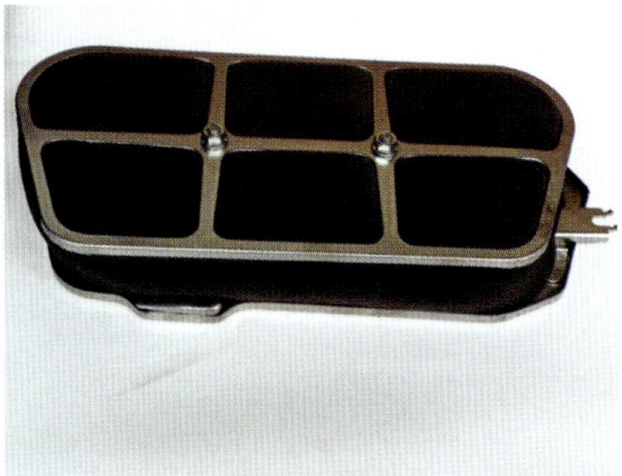

15.99 Bauen Sie einen neuen Luftfiltereinsatz in den Luftfilterkasten ein.

15.100 Ausgehärtete Ansauggummis können durch ein etwa einstündiges Einlegen in Nitro-Verdünnung vorübergehend wieder weich gemacht werden.

15.101 So lassen sie sich wieder viel einfacher montieren. Da sie nach relativ kurzer Zeit wieder verhärten, wären Neuteile die bessere Lösung.

15.102 Montage des Luftfilterkastens: Bei manchen Motorrädern kann es erforderlich sein, den Luftfilterkasten aufgrund der Platzverhältnisse schon vor dem Einbau der Vergaser zu montieren.

15.103 Bei Zweitakt-Motorrädern kann jetzt auch der Öltank eingebaut werden.

15.104 Nun die Ölschläuche von und zur Ölpumpe anschließen. Manche Ölpumpen müssen auch entlüftet werden (siehe Werkstatthandbuch).

15.105 Jetzt das Kettenritzel auf der Getriebeausgangswelle anbringen und nach dem Festziehen das Sicherungsblech der Mutter umbiegen.

15.106 Schließen Sie die Tachowelle an.

15.107 Je nach Modell muss vor der Montage des Kühlers noch die Auspuffanlage montiert werden.

15.108 Achten Sie beim Einbauen des Fußbremshebels auf die richtige Pedalhöhe.

15.109 Hängen Sie den Bremszug zur Hinterradbremse – oder das Bremsgestänge – am Bremshebel ein.

15.110 Der Bremslichtschalter wird mittels Feder mit dem Bremspedal verbunden. Nach dem Anschließen an die Fahrzeugelektrik kann er eingestellt werden. Das Bremslicht sollte unmittelbar vor dem Greifen der Bremse aufleuchten.

15.111 Falls ein Bremszug vorhanden ist, stützt sich die Außenhülle an einer Aufnahme am Rahmen ab.

15.113 Nicht am falschen Ende sparen: Kette und Kettenräder sollten immer nur zusammen getauscht werden – stets auf Qualität achten!

15.112 Klarer Fall für die Schrottkiste: Bei dieser Kette hilft auch kein noch so intensives Schmieren.

15.114 Die Kette legt man auf das hintere Kettenrad auf und schiebt/zieht sie auf das vordere Kettenritzel.

15.115 Bei eingelegtem Leerlauf wird die Kette über das Kettenritzel und wieder zurück in Richtung Hinterrad gezogen.

15.118 Legen Sie die Sicherungsklammer so auf, dass die Öffnung entgegen die Drehrichtung weist.

15.116 Mit dem Kettenschloss verbindet man die beiden Enden miteinander.

15.117 Anschließend presst man die Lasche auf, um das Schloss zu schließen. **Achtung:** Die Lasche so weit aufschieben, dass die Nuten für die Sicherungsklammer zu sehen sind.

15.119 Mit einer geeigneten Zange nun die Sicherungsklammer über die Bolzen drücken.

15.120 Richtig: Die Sicherungsklammer hat sich wie erforderlich um den zweiten Bolzen gelegt. Hinweis: Bei leistungsstarken Motorrädern aus Sicherheitsgründen die Kette vernieten.

15.121 Jetzt werden die beiden Kettenspanner gleichmäßig angezogen. Orientieren Sie sich dabei an den Schwingenmarkierungen und stellen Sie den erforderlichen Kettendurchhang ein.

15.122 Bei diesem Modell sollte der Kettendurchhang 15 bis 20 mm betragen. Die Hinweise im Werkstatthandbuch beachten, welche Position das Motorrad bei den Einstellarbeiten haben sollte (auf Haupt- oder Seitenständer stehend etc.).

15.123 Nach Einstellen der Kette kann der Kettenschutz angebracht werden (meist zwei Schrauben).

MONTAGE DER AUSPUFFANLAGE

15.124 Vor Einbau der Auspuffanlage neue Krümmerdichtungen in die Auspuffflansche eingelegen: Etwas Fett verhindert das Rausfallen bei der Auspuffmontage. Krümmerschrauben bzw. -muttern mit Kupferpaste einsetzen, um ein Festbacken zu verhindern.

15.125 Auch die Montage der Auspuffanlage ist bei größeren Motorrädern eine Arbeit für zwei Personen. Wenn der Auspuffkrümmer am Zylinderkopf angesetzt wurde, bringt man provisorisch die Befestigungsschraube des Schalldämpfers an, um das Auspuffgewicht abzufangen – so können die Flanschschrauben des Krümmers einfacher angesetzt werden.

15.126 Krümmerschrauben nicht überdrehen: Diese Gewinde sind sehr häufig beschädigt. Sollte die Verbindungsstelle trotz richtig festgezogener Schrauben undicht sein, bauen Sie eine neue Dichtung ein. Nach kurzer Betriebszeit nochmal nachziehen.

15.127 Mit den beiden Scharnierbolzen wird jetzt die Sitzbank wieder am Rahmen befestigt.

15.128 Ein Splint dient zur Sicherung des Bolzens.

15.129 Prüfen Sie abschließend, ob sich die Sitzbank einwandfrei öffnen und schließen lässt und in geschlossenem Zustand auch richtig einrastet.

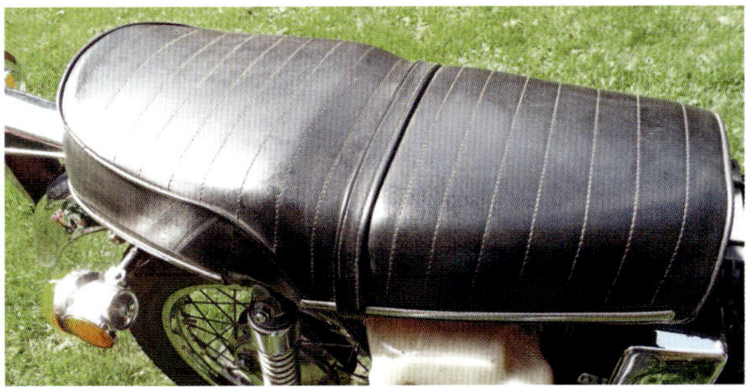

15.130 So sieht das Motorrad jetzt aus und es nähert sich langsam seiner Vollendung.

15.133 Vor dem Anbringen der Embleme den Tank auf dem Motorrad fixieren.

15.134 Die Seitendeckel werden an der Oberseite an zwei Haken unterhalb der Sitzbank eingehängt.

15.131 Montage der Kettenritzel-Abdeckung

15.132 Richtige Montage des Schalthebels: Manche Schaltwellen haben dazu eine Markierung. Setzen Sie sich auf das Motorrad und prüfen Sie, ob sich der Schalthebel gut erreichen lässt und beim Herunterschalten nicht an der Auspuffanlage ansteht.

15.135 Eine Schraube am unteren Ende dient zur Befestigung der Deckel.

Nachdem die wesentlichen Komponenten wieder an Ort und Stelle sind, geht es nun mit den Detailarbeiten weiter. Je nach Modell müssen weitere Teile angebaut werden, die man nicht vergessen darf. Hier sind einige Beispiele aufgeführt.

15.136 Die Benzinleitungen mit einer Schelle gegen Abrutschen sichern. Ein zusätzlicher Benzinfilter (Pfeil) ist nicht unbedingt erforderlich, aber auch kein Fehler.

15.137 Die meisten Motorräder sind mit mindestens einem Spiegel ausgerüstet. Je nach Alter des Motorrads ist ein Spiegel auch vorgeschrieben und sollte unabhängig davon schon aus Sicherheitsgründen vorhanden sein.

15.138 Die Bremsleitungen werden durch Halterungen exakt geführt und zugentlastet – die korrekte Montage ist sicherheitsrelevant!

15.139 Am vorderen Schutzblech ist häufig eine Führung für die Tachowelle vorhanden.

15.140 Eine Abdeckung am Kühler schützt das empfindliche Kühlernetz vor äußeren Einwirkungen.

15.141 Bei manchen Motorrädern ist der Tankdeckel mit einer abschließbaren Klappe vor unbefugtem Zugriff geschützt. Auch sie wurde aufgearbeitet und mit einem neuen Aufkleber versehen.

15.142 Das Endergebnis kann sich sehen lassen!

Kapitel 16
Letzte Arbeiten

Wenn Ihre Restaurierung so weit fortgeschritten ist, haben Sie sich ein kräftiges Schulterklopfen verdient. Vor Ihnen steht ein bereits sehr ansehnliches Motorrad. Es wird noch nicht perfekt sein – wie erwähnt, werden einige Teile schwierig zu beschaffen sein, daher muss man Kompromisse eingehen und sich vorübergehend mit dem begnügen, was zur Verfügung steht.

Bevor man mit dem Motorrad fahren kann, müssen noch einige Einstellungen vorgenommen werden. Die genauen Angaben dazu finden Sie im Werkstatthandbuch des jeweiligen Modells. Aber viele Arbeiten sind bei den meisten Motorrädern doch sehr ähnlich – darum geht es im folgenden Kapitel.

Zuerst prüft man, ob alle Verschraubungen richtig festgezogen sind und sofern erforderlich auch gesichert sind. Beim Wiederaufbau eines solchen Restaurierungsprojektes wird hier schnell etwas übersehen oder vergessen, deshalb ist eine sorgfältige Prüfung jetzt äußerst wichtig.

SEILZÜGE

Alle Seilzüge an einem Motorrad sind mit Einstellschrauben versehen, manche sogar an beiden Enden. Damit lässt sich das erforderliche Spiel oder die vorgeschriebene Spannung des Zugs einstellen.

16.1 Das Kupplungsspiel sollte am seilzugseitigen Ende des Hebels etwa 3 bis 4 mm betragen. Damit ist sichergestellt, dass die Kupplung vollständig einrückt. Ist das Kupplungsspiel zu gering, wird die Kupplung immer leicht entlastet, rutscht beim Fahren durch und verschleißt sehr schnell. Ist das Kupplungsspiel zu groß, trennt sie nicht richtig und die Gänge – besonders der Leerlauf – lassen sich nur schwer und lautstark einlegen. Achten Sie darauf, dass nach der Einstellung die Schraube noch mit genügend Gewindegängen in die Kupplungsarmatur eingedreht ist.

16.2 Falls die Einstellschraube am Hebel zu weit herausgedreht werden muss, kann man an der unteren Einstellschraube die erforderliche Spieleinstellung vornehmen. Einige Kupplungen haben am Ausrückmechanismus eine Einstellmöglichkeit für die Grundeinstellung, die dann zuerst vorgenommen werden sollte. Denken Sie auch daran, dass bei vielen Motorrädern das Kupplungsspiel bei heißem Motor größer ist als bei kaltem Motor.

16.3 Das Handbremshebelspiel bei einer Trommelbremse im Vorderrad sollte etwa 25 mm betragen, d. h. soweit kann man den Hebel ziehen, bis die Bremse greift. Dieses Spiel erleichtert das Dosieren der Bremse. Kurz vor dem Einsetzen der Verzögerung muss das Bremslicht aufleuchten. Die Einstellung der Hinterradtrommelbremse ist vergleichbar. Bei hydraulischen Bremsen kann am Handbremshebel eine Einstellschraube vorhanden sein, am Fußbremspedal ist immer eine Einstellung möglich. Auch manche ältere Bremssättel (Vorderradbremse) sind mit einer Einstellmöglichkeit versehen.

GASZUGSPIEL

Der Gasdrehgriff muss durch die Kraft der Rückstellfedern am Vergaser bei jedem Lenkeinschlag von alleine in die Leerlaufposition zurückdrehen. Wenn neben dem Zug zum Öffnen der Drosselklappen noch ein Zug zum Schließen vorhanden ist, muss man bei der Einstellung aufpassen, dass die Züge nicht gegeneinander arbeiten und so eine Schwergängigkeit des Drehgriffs verursachen. Das Gaszugspiel sollte so klein wie möglich und so groß wie nötig sein. Beim Einschlagen des Lenkers kann sich das Spiel leicht ändern, was bei der Einstellung berücksichtigt werden muss – sonst dreht der Motor beim Bewegen der Lenkung hoch.

16.4 Mitunter ist die Feder des Hinterradbremslichtschalters zu lang und muss gekürzt werden, um den Schalter richtig einstellen zu können. Mit einem Seitenschneider die Feder kürzen und das Ende umbiegen.

16.5 Nach der Spieleinstellung werden die Einstellmuttern mit den Kontermuttern gesichert.

16.6 Diese Einstellschraube ist für die Einstellung des Gaszugspiels vorgesehen – und nicht für die Einstellung der Leerlaufdrehzahl.

SPIEGEL

Das Einstellen der Spiegel ist einfach, aber sehr wichtig. Viele Motorräder haben Spiegel mit unterschiedlichen Gewindedrehrichtungen für die linke und rechte Fahrzeugseite (rechte Seite = Linksgewinde). Dadurch kann sich der

16.7 Zur Einstellung der Spiegel setzt man sich auf das auf dem Hauptständer stehende Motorrad. Die Spiegel so drehen, dass man möglichst viel vom rückwärtigen Verkehr sieht. Versuchen Sie eine Einstellung zu finden, bei der die beiden Spiegel leicht unterschiedliche Entfernungen abdecken.

*16.8 Nach der Einstellung zieht man die Kontermuttern fest. **Achtung:** Rechts-/Linksgewinde bedenken!*

Spiegel bei „Feindkontakt" lösen, ohne dass das Gewinde beschädigt wird.

REIFENDRUCK UND REIFENZUSTAND

Der Reifendruck und Reifenzustand sollte prinzipiell vor jeder Fahrt kontrolliert werden. Und auch in der heimischen Garage kann eine Schraube oder ein Nagel in den Reifen eindringen.

SPLINTE

Überprüfen Sie, ob alle dafür vorgesehenen Muttern bzw. Verschraubungen mit den erforderlichen Splinten gesichert sind.

BELEUCHTUNG UND LICHTEINSTELLUNG

Neben der Funktionskontrolle aller Leuchten muss auch die Einstellung des Hauptscheinwerfers überprüft werden. Jedes Land hat hier seine eigenen Vorgaben; falls kein Einstellgerät vorhanden ist, wird in Deutschland der Scheinwerfer auf diese Weise eingestellt:

Das Motorrad wird mit dem vorgeschriebenen Reifenluftdruck vor einer hellen Wand abgestellt. Wichtig bei der Platzauswahl ist, dass die Maschine auf ebenem Untergrund steht. Jetzt setzt man sich auf die Maschine und hält sie in der Senkrechten. Der Abstand von der Wand zur Vorderradmitte (Achse) sollte fünf Meter betragen. Der Abstand vom Boden bis zur Scheinwerfermitte wird mit einem Maßband oder Meterstab von einer zweiten Person gemessen und auf der Wand mit einem Kreuz markiert. Fünf Zentimeter unter dieses Kreuz wird ein zweites Kreuz gezeichnet. Jetzt wird das Abblendlicht eingeschaltet. Der Scheinwerfer ist durch Drehen in den Haltern so einzustellen, dass auf der Höhe des unteren Kreuzes die „Hell-Dunkel-Grenze" beginnt.

In anderen Ländern stellen Sie den Scheinwerfer nach den dort gültigen Vorschriften ein.

Hinweis: Die Lichtausbeute des Fahrlichts ist bei älteren Motorrädern teilweise dürftig. Durch den Einbau neuer Glühlampen kann zumindest der alterungsbedingte Verlust an Helligkeit aufgefangen werden. Manche Besitzer ersetzen die originalen Biluxlampen durch leistungsstärkere H4-Ausführungen. Dadurch fließt ein höherer Strom, den das Leitungsnetz meist noch verkraftet, die Lichtmaschine aber an ihre Grenze bringt. Die Ladesysteme älterer Motorräder waren so ausgelegt, dass sie den Bedarf gerade so erfüllten. Sobald ein höherer Stromverbrauch auftritt, reicht die Ladeleistung nicht mehr aus, um die Batterie wie erforderlich zu laden.

DAS ERSTE ANLASSEN

So verlockend es auch ist, den Motor endlich wieder zum Leben zu erwecken – zuvor müssen noch einige wesentliche Punkte geprüft werden.

16.9 Zur seitlichen Einstellung des Lichtkegels ist bei den meisten Motorrädern eine Verstellschraube im Scheinwerferring vorhanden.

Kontrollieren Sie die Ölstände. Bei Viertaktmotoren das Motoröl und bei separaten Getrieben auch das Getriebeöl; bei Zweitaktmotoren den Stand im Öltank der Getrenntschmierung und im Getriebe. Und wenn Sie schon dabei sind, auch den Ölstand im Endantrieb, falls ein Wellenantrieb vorhanden ist.

Sind neue Zündkerzen eingebaut? Falls nicht, sollten sie zumindest gereinigt und der Elektrodenabstand eingestellt worden sein. Zur Sicherheit führt man noch eine Funktionskontrolle bei ausgebauten Kerzen durch.

Ist die Batterie vollständig geladen?

Bei einem wassergekühlten Motor: Ist das Kühlsystem korrekt befüllt und entlüftet?

Bei eingelegtem Leerlauf versucht man nun mit dem Kickstarter oder dem elektrischen Anlasser den Motor zu starten. Zuerst lässt man dabei den Gasdrehgriff geschlossen, wenn der Motor nicht anspringen sollte, öffnet man ihn leicht. Nach einer Motor- und Vergaserüberholung können einige Versuche erforderlich sein, bis der Motor startet. Wenn er schließlich angesprungen ist, lässt man ihn zunächst mit leicht erhöhter Drehzahl laufen. Geben Sie nicht zu viel Gas, denn die Gasannahme wird noch nicht perfekt sein und es besteht die Gefahr, dass der Motor abstirbt. Ihn in diesem Betriebszustand wieder anzulassen, kann besonders bei einem Motorrad mit Kickstarter schwierig sein.

16.10 Schalten Sie die Zündung ein.

16.11 Stellen Sie den Chokehebel auf die Stellung „On".

*16.12 Schalten Sie den Killschalter auf „On" und öffnen Sie den Benzinhahn. **Hinweis:** Bei manchen Motorrädern funktioniert der elektrische Anlasser auch, wenn der Killschalter auf „Off" steht.*

Nach ein oder zwei Minuten versucht man, den Motor mit leichten Gasstößen immer wieder hochdrehen zu lassen. Dadurch erreicht der Motor schneller seine Betriebstemperatur.

Hört sich der Motorlauf normal an? Achten Sie auf Undichtigkeiten, vor allem auf auslaufendes Benzin. Sollte irgendetwas undicht sein, muss der Motor sofort abgestellt werden. Sehr häufig laufen in dieser Situation die Vergaser über, weil die Schwimmerventile noch nicht richtig sitzen oder ein kleiner Fremdkörper den Ventilkegel nicht schließen lässt. Ein leichter seitlicher Schlag mit einem Stück Holz auf die Schwimmerkammer löst schon häufig dieses Problem. Sollte alles dicht sein – umso besser.

Reagiert der Motor spontan, wenn Sie aus der Leerlaufdrehzahl heraus kurz Gas geben? Meistens muss man die Vergasereinstellung mehrmals nachregulieren, bis der Motor gleichmäßig und mit der richtigen Drehzahl läuft.

Wenn der Motor im Leerlauf rund läuft, eine gute Gasannahme hat und sauber hochdreht, sieht es aus, als hätten Sie gute Arbeit geleistet.

DIE ERSTE AUSFAHRT

Wenn keine Probleme vorhanden sind und der Motor gut läuft, können Sie auf Jungfernfahrt gehen. Dazu muss das Motorrad zugelassen oder zumindest mit einem Probefahrtkennzeichen versehen sein.

Führen Sie noch einmal eine Überprüfung vor der Fahrt durch, wie sie vom Hersteller im Fahrerhandbuch vorgegeben ist. Dazu gehören:

- Ölstandkontrolle in Motor und Getriebe
- Ölstandkontrolle am Zweitaktöltank
- Bremsflüssigkeitskontrolle
- Überprüfung der Bremseneinstellung vorn und hinten
- Überprüfung des Kettendurchhangs
- Schmieren der Kette
- Überprüfung aller Beleuchtungs- und Signaleinrichtungen
- Benzinstandkontrolle im Kraftstofftank
- Überprüfung des Kupplungsspiels

Bei wassergekühlten Motoren zusätzlich:

- Kühlmittelstandkontrolle
- Überprüfung auf Undichtigkeiten

Bewegen Sie sich bei Ihrer ersten Ausfahrt in einem engen Radius um Ihre Werkstatt: Erfahrungsgemäß treten nach jeder Restaurierung irgendwelche Probleme auf und Sie wollen sicher nicht weit weg von der heimischen Garage liegenbleiben. Nach ein paar Runden um den Block kehren Sie wieder zurück und sehen nach, ob alles in Ordnung ist. Mit wachsendem Vertrauen, dass Ihr neu aufgebautes Motorrad nicht stehen bleiben wird, vergrößern Sie Ihre Kreise.

Falls der Motor überholt wurde, sollte er nach den Herstellervorschriften eingefahren werden. Die neuen Motorteile müssen einlaufen und erfordern zuerst einige zurückhaltende Kilometer, bevor der Motor voll ausgedreht werden kann.

Nach einer gewissen Einfahrzeit müssen einige Stellen wie der Zylinderkopf oder die Auspuffanlage nachgezogen werden (siehe Werkstatthandbuch). Wenn das erledigt ist, prüfen Sie noch die Flüssigkeitsstände – fertig!

Kapitel 17
Sicheres Fahren

Der Anteil der Motorräder an den Gesamtzulassungszahlen ist verschwindend gering, aber die Anzahl der schwer verletzten oder getöteten Motorradfahrer dagegen unverhältnismäßig hoch. Diese Situation trifft leider auf viele Länder dieser Welt zu.

Mit dem Befolgen einiger Grundregeln und der Teilnahme an einem Fahrsicherheitstraining kann man aktiv das eigene Risiko reduzieren zu stürzen oder in einen Unfall verwickelt zu werden.

Viele Neueinsteiger in unser rostiges Hobby restaurieren ein Motorrad, das sie in jungen Jahren bereits einmal hatten. Aus irgendwelchen Gründen mussten sie vor etlichen Jahren das Motorradfahren aufgeben, verloren aber nie das Interesse daran. Beruf und Familie hielten sie lange Zeit davon ab, sich wieder auf ein Motorrad zu setzen. Zwischenzeitlich hat sich vieles verändert, der Verkehr ist dichter geworden und auf den Straßen ist erhöhte Vorsicht geboten. Egal ob Sie ein geübter Fahrer, ein Einsteiger oder Wiedereinsteiger sind: Die Sicherheit sollte absolute Priorität haben.

Vor 25 Jahren waren deutlich weniger Autos unterwegs. Vielleicht ging es Ihnen auch so, dass Sie früher auf der Straße mit Ihren Freunden Fußball spielen konnten und nur selten einem Auto Platz machen mussten. Heute ist das auf der gleichen Straße vermutlich undenkbar. Selbst in kleinen Dörfern ist ein ständiger Straßenverkehr vorhanden.

Deshalb sollte jeder, der längere Zeit nicht mehr Motorrad gefahren ist, seine ersten Ausfahrten in den ruhigeren Zeiten am Tag oder Wochenende unternehmen: Vor oder nach dem Berufsverkehr, Samstagnachmittags oder an Sonntagen, nachdem die Ausflügler wieder zuhause sind. Dann sind die Straßen deutlich leerer. Verfolgen Sie den Wetterbericht und warten Sie auf einen sonnigen Tag, denn Regen und Motorradfahren vertragen sich nicht besonders.

SO PASSIERT ES ...

Manchmal braucht man ein Aha-Erlebnis, um auf den Boden der Tatsachen zurückgeholt zu werden. Viele, die seit langer Zeit kein Motorrad mehr gefahren sind, meinen, dass sie noch fahren könnten – tatsächlich konnten sie es früher, jetzt aber müssen sie es wieder neu lernen.

Eine typische Situation: Da man sich selbst für einen guten Motorradfahrer hält, ist man auch flott unterwegs. Aber die jetzt gefahrene Kurve zieht sich immer enger zu, der eigene Schräglagensensor signalisiert „auf keinen Fall weiter ablegen“; erforderlich ist aber mehr Schräglage und man wird bedenklich zur anderen Fahrbahn hinausgetragen. Und wenn dann plötzlich noch ein entgegenkommender Traktor auftaucht und es gerade noch für ein Ausweichmanöver reicht, sollten die Alarmglocken schrillen.

Man erinnert sich nämlich in erster Linie an die schönen Momente bei den Ausfahrten mit den Freunden und vergisst dabei die brenzligen Situationen und die Gefahren, die von Kanaldeckeln, rutschigem Kopfsteinpflaster, Fahrbahnmarkierungen, Schlaglöchern und anderen Verkehrsteilnehmern ausgehen. Lassen Sie es langsam angehen und gewöhnen Sie sich wieder daran, auf zwei Rädern unterwegs zu sein.

Eine Möglichkeit ist auch, sich einer Gruppe Gleichgesinnter anzuschließen. Ob es nun eine lose Gemeinschaft oder ein organisierter Club ist, neue Mitfahrer sind bei den gemeinsamen Ausfahrten immer willkommen. Ein einzelner Motorradfahrer wird von einem Autofahrer leicht übersehen, aber eine Gruppe fällt wesentlich mehr auf. Zu mehreren ist man sicherer.

17.1 In manchen Ländern übernehmen Motorradclubs auch ehrenamtliche Aufgaben. Dieser Motorradfahrer transportiert dringend benötigte Blutkonserven zu Krankenhäusern.

17.2 Diese Motorradfahrervereinigung hat besonders ausgebildete Mitglieder, die in ländlichen Gebieten unterwegs sind und bei Unfällen Erste Hilfe leisten können, bevor der Krankenwagen oder Notarzt eintrifft.

Kaufen Sie die beste Schutzkleidung, die Sie sich leisten können. Dazu gehören Stiefel, Jacke und Hose mit Protektoren, ein zusätzlicher Rückenprotektor, Handschuhe und natürlich ein Sturzhelm.

Werden Sie gesehen: Tragen Sie eine Warnweste oder eine auffällige Jacke und fahren Sie – wie vorgeschrieben – immer mit Licht.

Eine einfache Regenschutzausrüstung sollte immer unter der Sitzbank verstaut sein. Auch im Sommer kann Sie ein Regenguss überraschen und wenn man einmal nass geworden ist, vermiest das den ganzen Tag.

Fahren Sie defensiv. Rechnen Sie immer damit, dass der andere Verkehrsteilnehmer an der Kreuzung plötzlich losfährt. Seien Sie bremsbereit und fahren Sie langsam auf Kreuzungen zu. Beobachten Sie die Räder von stehenden Fahrzeugen: An einem drehenden Rad erkennt man am schnellsten, ob ein Auto anfährt.

Halten Sie einen Sicherheitsabstand zum Vordermann ein bzw. schaffen Sie Abstand, wenn der Hintermann zu dicht auffährt.

Seien Sie besonders vorsichtig vor Kreuzungen mit mehreren Richtungsstreifen. Manche Fahrer merken erst spät, dass sie sich falsch eingeordnet haben und achten dann beim schnellen Fahrbahnwechsel nicht richtig auf den rückwärtigen Verkehr.

Auch bei gerade am Seitenstreifen angehaltenen Autos sollte man auf der Hut sein. Wie oft wird die Fahrertür aufgerissen, ohne vorher nach hinten gesehen zu haben – und zwar durch Drehen des Kopfs und nicht nur durch den Spiegel.

ÜBERHOLEN

Eigentlich sind diese Hinweise banal, aber trotzdem sollen sie noch einmal erwähnt werden.

Überholen Sie nicht an Kreuzungen, Fußgängerüberwegen, Kuppen oder in Kurven. Der klassische Unfall: Ein Motorradfahrer überholt ein Auto, dessen Fahrer vergessen hat zu blinken und abbiegt, wenn der Motorradfahrer auf gleicher Höhe ist. Der Schwächere ist der Unterlegene.

SCHLECHTER STRASSENZUSTAND

Häufig wird behauptet, dass Motorradfahrer mit Geländeerfahrung, wie z. B. Trial oder Moto Cross, die sichereren Motorradfahrer seien. Der Grund dafür ist, dass in diesen Sportarten sich der Untergrund ständig verändert, von Matsch zu Pfützen, Sand oder rutschigen Steinen. Der Fahrer muss lernen, sich blitzschnell an diese Bedingungen anzupassen und seinen Fahrstil entsprechend zu ändern. Eigentlich sollte jeder Fahrer eine gewisse Zeit im Gelände unterwegs gewesen sein. Das Fahren dort schärft auch die Sinne für verräterische Anzeichen von drohenden Gefahrstellen.

Behalten Sie ständig die Fahrbahnoberfläche im Auge. In Kurven oder Kreiseln sind immer wieder Dieselspuren zu sehen, die für Motorradfahrer sehr gefährlich sind. Auf trockenen Straßen verraten sie sich durch glänzende feuchte Streifen, die bei Nässe in den Regenbogenfarben schillern. Mitunter kann man den ausgelaufenen Kraftstoff auch riechen. Herbstlaub auf der Straße kann rutschig wie Schmierseife sein und kleinere Landstraßen sind öfters durch Schlamm von landwirtschaftlichen Fahrzeugen verschmutzt. Besonders fatal für einen Motorradfahrer ist Rollsplitt, auf dem es sich wie auf vielen kleinen Kugeln fährt.

Wenn es nach einer längeren trockenen Periode wieder regnet, ist in den ersten Minuten die Straße besonders schmierig. Auf der Oberfläche hat sich eine Schicht aus Abrieb und Staub gebildet, die vom Regen erst abgewaschen werden muss.

Danach verbessert sich die Haftung etwas, aber durch die Nässe bleibt die Fahrbahn natürlich rutschig.

17.3 Schon diese schmale Kraftstoffspur ist für Motorradfahrer ein Sicherheitsrisiko.

Überprüfen Sie regelmäßig die Reifen Ihres Motorrads. Achten Sie auf eine ausreichende Profiltiefe und kontrollieren Sie den Reifenluftdruck.

FAHRSICHERHEITSTRAINING

In fast allen Ländern werden Fahrsicherheitstrainings von verschiedenen Veranstaltern angeboten. Besonders Neu- und Wiedereinsteiger sollten sich darüber informieren und einen solchen Kurs besuchen. Hier wird auf abgesperrten Plätzen und Strecken der Umgang mit einem Motorrad intensiv geübt und selbst alte Hasen können hier noch etwas lernen.

Viel Spaß!

17.4 Ein Regenschauer nach einer längeren Trockenperiode und verräterische Zeichen einer rutschigen Fahrbahnoberfläche.

17.5 Sicherheit geht uns alle an und ist bei den meisten Motorradveranstaltungen ein Thema.

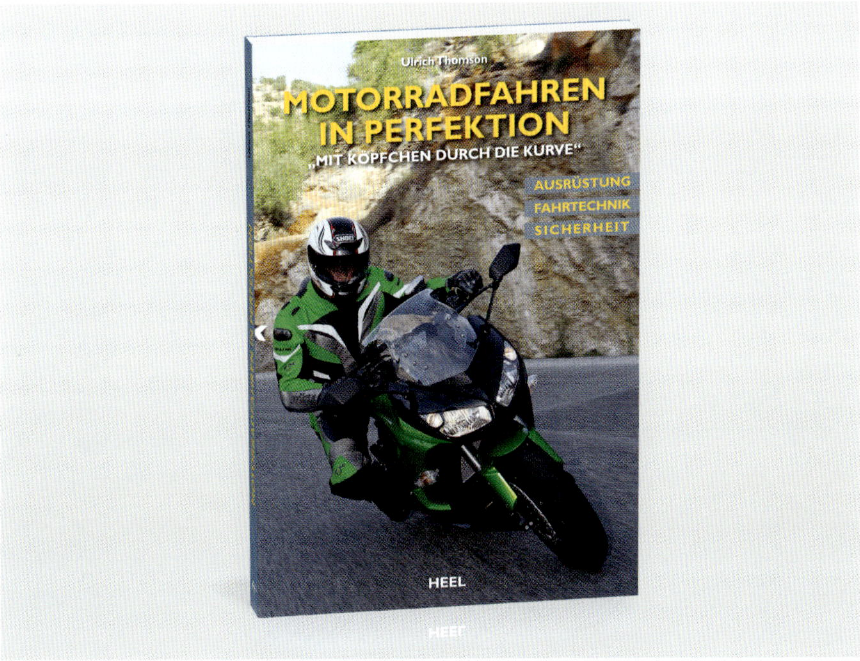

17.6 Theorie ist wichtig: Zahlreiche Ratgeber vermitteln theoretisches Grundlagenwissen, das in Kombination mit möglichst viel Praxiserfahrung der Schlüssel zu wahrem Fahrspaß auf dem Motorrad ist.

Fach- und Praxiswissen

288 Seiten, ca. 800 farbige Abbildungen,
213 x 275 mm, gebunden
ISBN 978-3-86852-947-0
€ 49,95

120 Seiten, ca. 500 Farbfotos,
213 x 275 mm, gebunden
ISBN 978-3-95843-043-3
€ 24,99

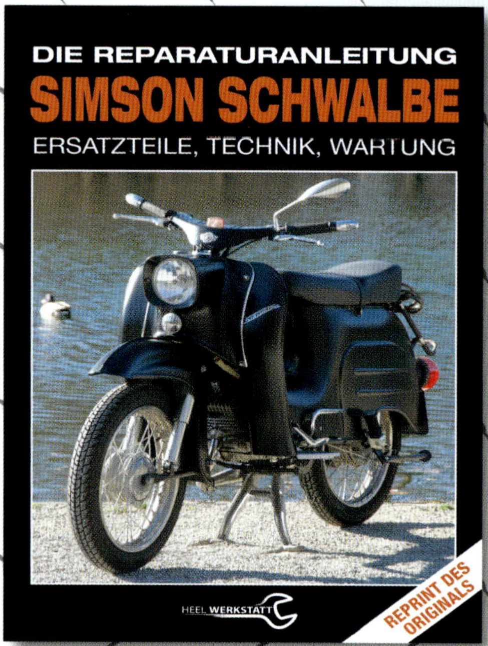

520 Seiten, ca. 400 s/w-Fotos und Abbildungen, 168 x 251 mm, gebunden
ISBN 978-3-95843-311-3
€ 19,99

264 Seiten, ca. 380 Abbildungen,
170 x 250 mm, gebunden
ISBN 978-3-89880-148-5
€ 19,99